高等职业教育机电类专业"十三五"规划教材

UG NX 机械设计项目教程

韦晓航　覃秀凤　主　编
张海明　李　宇　副主编

中国铁道出版社有限公司
CHINA RAILWAY PUBLISHING HOUSE CO., LTD.

内 容 简 介

本书内容为运用 UG NX 软件进行典型机械零件三维建模、装配及工程图设计。为尽量贴近机械行业企业对专业岗位技术人才的要求,本书在编写中运用基于工作过程的项目式教学理念构建了典型机械零部件的学习流程。本书精心选取机械制造行业的不同类型的典型机械零部件,包括轴类零件、轴类紧固件、端盖类零件、轮盘类零件、箱体叉架类零件等作为项目载体进行三维实体建模项目构建,并选择典型机构为载体着重呈现自底向上的装配流程,以及以典型零件为载体呈现机械工程图的图幅选择、视图操作及布局、文字、尺寸标注等完整的工程图创建流程。每个项目配以 2 ~ 5 个相关知识,使学生的学习由简至繁、由易到难递进,将难点分散,更有利于学生对知识技能的掌握。

本书适合作为高等职业院校及成人高校机械制造类、机电类专业教材,也可作为相关企业软件技术的教学及培训用书,还可供从事机械制造行业的工程技术人员、管理人员和技术工人参考使用。

图书在版编目(CIP)数据

UG NX 机械设计项目教程/韦晓航,覃秀凤主编. —北京:
中国铁道出版社有限公司,2019.8(2022.1 重印)
高等积业教育机电类专业"十三五"规划教材
ISBN 978-7-113-25938-9

Ⅰ.①N… Ⅱ.①韦… ②覃… Ⅲ.①机械设计 – 计算机
辅助设计 – 应用软件 – 高等职业教育 – 教材 Ⅳ.①TH122

中国版本图书馆 CIP 数据核字(2019)第 156436 号

书 名: UG NX 机械设计项目教程
作 者: 韦晓航 覃秀凤

策 划: 李 彤   编辑部电话:(010)83552550
责任编辑: 何红艳 钱 鹏
封面设计: 刘 颖
责任校对: 张玉华
责任印制: 樊启鹏

出版发行: 中国铁道出版社有限公司(100054,北京市西城区右安门西街 8 号)
网 址: http://www.tdpress.com/51eds/
印 刷: 北京柏力行彩印有限公司
版 次: 2019 年 8 月第 1 版 2022 年 1 月第 4 次印刷
开 本: 787 mm × 1 092 mm 1/16 印张: 15.25 字数: 368 千
书 号: ISBN 978 – 7 – 113 – 25938 – 9
定 价: 45.00 元

　　自 1950 年计算机辅助设计（Computer Aided Design, CAD）技术诞生以来，CAD 技术已逐步广泛地应用于机械、电子、建筑、化工、航空航天以及能源交通等领域，引领了全球产品设计效率的飞速提高。经过半个多世纪的发展，计算机辅助设计技术已与计算机辅助制造技术（Computer Aided Manufacturing, CAM）、产品数据管理技术（Product Data Management, PDM）及计算机集成制造系统（Computer Itegrated Manufacturing System, CIMS）集于一体，形成了强大的现代工业设计制造体系。

　　由于三维 CAD 技术在机械设计中具有零件设计更加方便、装配零件更加直观、大大缩短了机械设计周期和易于提高机械产品的技术含量和质量等优点，在机械制造行业企业中得到广泛的推广运用。因而，三维 CAD 技术已成为当今机械行业企业工程技术人员所必须掌握的一项基本技能。本书选择目前机械制造行业企业运用非常广泛的 UG NX 软件（后简称 NX）作为三维 CAD 技术学习主体。

　　本书的编写紧密联系机械制造行业企业生产应用实际，精心选择各类机器上具有代表性的轴类零件、轴类紧固件、端盖类零件、轮盘类零件、箱体叉架类零件及典型机构作为实体建模、装配及工程图设计的载体。项目载体的选择尽可能涵盖常用软件工具，并将所用到的软件工具的相关知识合理融合到项目教程学习过程中，给学生用学一体、学有所用的体验，使学生感到好学易学且有兴趣学。本书包含 NX 三维建模、NX 装配及 NX 工程图三大模块，共 12 个项目。项目学习由浅入深，由简至繁，图文并茂；项目呈现脉络清晰，层次分明，学习目标剖析精确；项目侧重于学习方法的传授，易于激发学习者兴趣。

　　本书由柳州铁道职业技术学院、广西职业技术学院、广西水利电力职业技术学院和山东德州职业技术学院等多所院校的相关专业教师合作完成。柳州铁道职业技术学院韦晓航、广西职业技术学院覃秀凤担任主编，广西水利电力职业技术学院张海明、柳州铁道职业技术学院李宇担任副主编。参与编写的还有山东德州职业技术学院肖莹莹、广西职业技术学院江健、柳州铁道职业技术学院谢健。韦晓航负责大纲制定、项目规划及审订统稿等工作,且负责模块一项目一建模样章的编写,参与模块二的编写,张海明负责模块一项目二、项目三的编写,肖莹莹负责模块一项目四的编写,覃秀凤负责模块一项目五~八的编写,李宇负责模块二的编写,韦晓航和江健负责模块三的编写。此外,特别感谢谢健老师也参与本教程编写。

为了尽可能确保本书的准确性,本书出版前作为校本教材经过了两轮的使用并由主编进行了细致地修改完善。但限于编者水平有限,书中难免存在不足之处,欢迎读者提出宝贵的意见和建议。

编 者
2019 年 6 月

CONTENTS 目　录

模块一

NX三维建模

NX三维建模模块共包含八个项目,按常见零件类型包括轴类零件、轴类紧固件、端盖类零件、轮盘类零件、箱体叉架类零件。本模块选择机械行业企业生产实际中典型零件作为项目载体,按照建模的难易程度,进行项目排序,从易到难、循序渐进,使学习者在完成项目建模的同时逐渐掌握建模思路和功能命令。

项目一 轴类零件——传动轴建模

学习目标

(1)熟悉建模环境。
(2)能够创建基本体,初步掌握运用基本体进行组合建模的方法。
(3)能够正确选择机械结构的定位点,并运用点定位知识创建定位点。
(4)能够根据机械设计的需要创建倒角。
(5)初步掌握键槽的创建方法。

工作任务

本项目创建轴类零件——传动轴,如图1-1-1所示。

图 1-1-1 传动轴

项目分析:传动轴为由圆柱体构成的阶梯轴,轴上有倒角和键槽,因此,创建此传动轴可分三步:①轴体建模;②创建倒角;③创建键槽。

项目分解:

名称	内容	采用的工具和命令	创建流程	其他工具和命令
1	轴体建模	圆柱体,点构造,布尔运算(求和)		草图、拉伸
2	创建倒角	倒斜角		
3	创建键槽	基本直线、基准平面、键槽		

项目实施

1. 轴体建模

创建由基本体——圆柱体构成的阶梯轴,具体尺寸如图 1-1-2 所示。

全部倒角C2

图 1-1-2　阶梯轴

【步骤1】进入建模环境。

启动 NX 7.5,在菜单栏单击"文件"→"新建",或者单击"工具"按钮 ,在打开的"新建"对话框"模型"选项卡中选择"模板",如图 1-1-3 所示,模板名称为"模型",类型为"建模",命名新部件文件名称为"chuandongzhou",选择保存文件路径,进入建模环境。

图 1-1-3 "新建"对话框

若没有自动进入建模环境,则单击 开始 →"所有应用模块"→"建模",进入建模环境,如图 1-1-4 所示。

【步骤2】创建第一段圆柱体。

在菜单栏单击"插入"→"设计特征"→"圆柱体",如图 1-1-5 所示,或单击工具图标"拉伸"→"圆柱",弹出"圆柱"对话框,如图 1-1-6 所示,利用圆柱对话框完成阶梯轴的创建,具体步骤如下:

(1)在图 1-1-6 对话框中选择"类型"为"轴、直径和高度"。

(2)在"指定矢量"下拉列表中选择 XC 方向作为圆柱的轴向。

(3)单击"点构造器"工具按钮 ,在弹出的

图 1-1-4 "开始"菜单

"点"对话框中设置坐标原点作为圆柱体的中心。

（4）设置圆柱体直径为"45"，高度为"25"。

（5）单击"应用"按钮，生成第一段圆柱体如图 1-1-7 所示。

图 1-1-5　"插入"菜单

图 1-1-6　"圆柱"对话框

【步骤 3】创建第二段圆柱体定位点。

继续将矢量选项保持为方向，单击图 1-1-7 所示"圆柱"对话框中"点构造器"按钮 ，将光标移至圆柱体右端面圆边缘，待边缘和中心高亮显示后单击鼠标，捕捉端面圆心，如图 1-1-8 所示，弹出的"点"对话框中坐标"XC"值设置为"25"，如图 1-1-9 所示。将定位点沿 X 轴移至圆柱体右端面圆心，单击"确定"按钮完成定位点设置。

图 1-1-7　第一段圆柱体

图 1-1-8　捕捉端面圆心

图 1-1-9　改变定位点

【步骤 4】创建第二段圆柱体。

设置直径为 φ50,高度为 30,单击"应用"按钮,生成第二段圆柱体如图 1-1-10 所示。

【步骤 5】依次创建后续各段圆柱体。

重复步骤 3 和步骤 4,根据零件图分别将定位点设置为 55、70、120、150、175、235,直径和高度分别设置为 φ70 和 15、φ60 和 50、φ50 和 30、φ45 和 25、φ40 和 60、φ30 和 60,即可完成阶梯轴的创建,如图 1-1-11 所示。

【步骤 6】将阶梯轴合并成整体——求和。

(1)在菜单栏单击"插入"→"组合"→"求和",或单击工具按钮，在下拉列表中选择"求和"命令,如图 1-1-12 所示,打开"求和"对话框,如图 1-1-13 所示,指定第一段圆柱为目标体。

(2)依次选择各段圆柱体作为刀具体,效果如图 1-1-14 所示。

图 1-1-10　第二段圆柱体

图 1-1-11　阶梯轴

图 1-1-12　"求和"命令

图 1-1-13　"求和"对话框

图 1-1-14　阶梯轴"求和"

（3）单击"确定"按钮，求和完毕。此时虽然阶梯轴外观看起来没有变化，但从实体的角度来说多段圆柱体已经构成了一个整体。

相关知识

圆柱体——功能详解

在"圆柱"对话框的"类型"下拉列表中列出了如下两种创建圆柱体的方式：

（1）轴、直径和高度。该方式允许用户通过定义轴、直径和圆柱高度值以及底面圆心来创建圆柱体。

（2）圆弧和高度。该方式允许用户通过定义圆柱高度值，选择一段已有的圆弧并定义创建方向来创建圆柱体。用户选取的圆弧不一定是完整的圆，且生成的圆柱体与圆弧不关联，圆柱体生成方向可以选择是否反向，创建过程如图 1-1-15、图 1-1-16、图 1-1-17 所示。

图 1-1-15　已有的圆弧

图 1-1-16　选择已有圆弧和方向，设置高度

(a) 正向 (b) 反向

图 1-1-17 采用"圆弧和高度"方式创建圆柱体

2. 创建倒角

为已经创建好的阶梯轴倒角,尺寸全部为 *C*2,完成后的阶梯轴如图 1-1-18 所示。

图 1-1-18 阶梯轴倒角

步骤如下:

在菜单栏单击"插入"→"细节特征"→"倒斜角",或单击工具按钮 🔧 **倒斜角**,弹出"倒斜角"对话框,"横截面"选择"对称",输入距离"2",如图 1-1-19 所示,依次选取轴上所有棱边,结果如图 1-1-20 所示。

图 1-1-19 "倒斜角"对话框   图 1-1-20 完成倒角的阶梯轴

相关知识

倒斜角——功能详解

倒斜角用于在已有实体上沿指定的边缘作倒角操作。倒斜角的一般创建步骤如下。

(1)选择要倒角的实体边缘。

(2)指定倒角类型。

(3)设置倒角形状及相应参数。

(4)单击"确定"或"应用"按钮,创建倒斜角。

在执行"倒斜角"命令后,弹出图1-1-19所示对话框,其中的主要面板选项说明如下。

(1)边:"选择边"方式允许用户选择要倒角的边。

(2)偏置:在偏置选项中可设置横截面方式和相应的距离及方向,其中横截面方式有以下三种:

①对称。用于与倒角边相邻的两个面用同一偏置方式来创建简单倒角,且两边倒角距离相等,倒角距离值在"距离"文本框中设置。

②非对称。用于与倒角边相邻的两个面,通过分别采用不同偏置值来创建倒角,两边倒角距离分别在"距离1""距离2"文本框中设置。

③偏置和角度。用于由一个偏置值和一个角度创建倒角,相应数值在"距离"和"角度"文本框中设置。

3. 创建键槽

在完成倒角的阶梯轴上创建键槽,具体尺寸如图1-1-1所示,完成后的传动轴如图1-1-21所示。

图1-1-21　传动轴

【步骤1】创建基本直线1和基本直线2。

(1)在菜单栏单击"插入"→"曲线"→"直线和圆弧"→"直线(点-点)",弹出"直线 点-点"对话框,如图1-1-22所示。

（2）单击"点"工具栏中的"象限点"工具按钮，在图 1-1-20 所示轴上相应轴段两端拾取对应象限点，创建基本直线 1。

（3）重复前两步的操作，在最右端轴段创建基本直线 2，结果如图 1-1-23 所示。

图 1-1-22　"直线（点-点）"对话框

图 1-1-23　创建基本直线 1 和基本直线 2

【步骤 2】创建基准平面 1 和基准平面 2。

（1）在菜单栏单击"插入"→"基准/点"→"基准平面"，或单击"基准平面"工具按钮，弹出如图 1-1-24 所示"基准平面"对话框。

（2）在"类型"面板下拉列表中选择"相切"选项，在阶梯轴上选择基本直线 1 所在圆柱面及基本直线 1。

（3）单击"应用"按钮，完成基准平面 1 的创建。

（4）采用同样的方法，创建过基本直线 2 并相切于右端轴段的基准平面 2，单击"确定"按钮退出"基准平面"对话框，结果如图 1-1-25 所示。

【步骤 3】创建 $\phi60 \times 50$ 轴段键槽及右端键槽。

（1）在菜单栏单击"插入"→"设计特征"→"键槽"，或单击工具按钮，弹出"键槽"对话框，如图 1-1-26 所示。

图 1-1-24　"基准平面"对话框

图 1-1-25　创建基准平面 1 和基准平面 2

（2）点选"矩形"单选按钮，单击"确定"按钮，弹出如图 1-1-27 所示的"矩形键槽"对话框。

（3）在图 1-1-25 所示实体中，选择基本平面 1 为放置面，弹出如图 1-1-28 所示"键槽深度方向选择"对话框，若箭头向下，单击"接受默认边"或"确定"按钮，弹出图 1-1-29 所示"水平参考"对话框。

图 1-1-26　"键槽"对话框

图 1-1-27　"矩形键槽"对话框

图 1-1-28　"键槽深度方向选择"对话框

图 1-1-29　"水平参考"对话框

（4）选择图 1-1-25 中与基准平面 1 相切的圆柱面，系统显示矩形槽的放置方向箭头，如图 1-1-30 所示，同时弹出图 1-1-31 所示"矩形键槽"参数设置对话框。

（5）在"长度"、"宽度"、"深度"文本框中分别输入"40"、"18"、"7"，单击"确定"按钮，弹出"定位"对话框，如图 1-1-32 所示。

（6）单击"水平"按钮 ，弹出"水平"对话框后选择 φ60 轴段左端面圆，在弹出的"设置圆弧的位置"对话框中单击"圆弧中心"按钮，如图 1-1-33 所示，在弹出"水平"对话框后选择键槽左边圆弧，系统弹出"设置圆弧的位置"对话框后再次单击"圆弧中心"按钮，系统即弹出"创建表达式"对话框，如图 1-1-34 所示，输入零件图 1-1-1 中所注键槽定位尺寸"14"，单击"确定"按钮，即完成水平方向定位。

（7）单击"竖直"按钮 ，在弹出"竖直"对话框后分别选择基本直线 1 和键槽边缘，并在系统弹出"创建表达式"对话框后输入宽度值的一半"9"，单击"确定"按钮，即完成竖直方向定位，效果如图 1-1-35 所示。

图 1-1-30   矩形槽放置方向箭头

图 1-1-31   "矩形键槽"参数设置对话框

（8）单击"确定"按钮，完成 φ60×50 轴段键槽的创建，在弹出"矩形键槽"对话框后，根据零件图右端键槽尺寸重复执行步骤（2）至步骤（7）基本操作，即可完成右端键槽的创建，结果如图 1-1-36 所示。

图 1-1-32   "定位"对话框

图 1-1-33   "设置圆弧的位置"对话框

图 1-1-34 "创建表达式"对话框

图 1-1-35 键槽定位尺寸示意图

（9）单击选择基准平面 1 和 2 以及基本直线 1 和 2，右击，在弹出的快捷菜单中单击"隐藏"命令，即得到如图 1-1-37 所示传动轴。

图 1-1-36 完成键槽创建的传动轴　　　　　　　　图 1-1-37 传动轴

知识拓展

　　除了运用基本体功能创建圆柱体可构建阶梯轴之外，在 NX 中，还可运用拉伸特征功能创建阶梯轴。

相关知识

键槽——功能详解

　　键槽命令用于在实体表面上去除矩形、球形、U 形、T 形和燕尾形 5 种形状特征的实体，从而形成键槽特征。键槽创建所选择的放置面必须为平面。

键槽创建基本步骤如下：

单击菜单栏中的"插入"→"设计特征"→"键槽"，或单击"特征"工具栏中的"键槽"工具按钮 ，即可激活键槽功能，弹出如图 1-1-26 所示的"键槽"对话框。

（1）在对话框中选择键槽类型。

（2）在对话框中勾选，选择是否创建通槽。

（3）在视图区域内选择放置面。

（4）在视图区域内选择水平参考（键槽放置方向）。

（5）在对话框中设置键槽形状参数。

（6）定位键槽的位置。

（7）单击"确定"按钮，完成键槽创建。

其中，矩形指矩形键槽，截面形状为矩形；球形指截面形状为半圆形的键槽；U 形键槽截面形状为 U 形；T 形键槽截面形状为 T 形；燕尾键槽截面形状为燕尾形。"通槽"选框用于设置是否创建贯通的键槽，若勾选该复选框，则创建贯通键槽，需要选择通过面。无论选择生成键槽穿透实体（即选择"通槽"）或延伸到实体里面，在当前目标实体上将自动执行求差操作。所有键槽类型的深度值按垂直于放置面的箭头方向测量。

拉伸——功能详解

拉伸特征可以将表示轮廓的草图拉伸成实体。拉伸特征的草绘截面可以是封闭的，也可以是开放的，可以由一个或多个封闭环组成，封闭环之间不能相交，但可以嵌套。如果存在嵌套的封闭环，在生成添加材料的拉伸特征时，系统自动将内部的封闭环处理为孔特征，如图 1-1-38 所示。

单击菜单栏中的"插入"→"设计特征"→"拉伸"命令，或单击"特征"工具栏中的"拉伸"按钮 ，然后选择定义拉伸特征截面的曲线，弹出如图 1-1-39 所示的"拉伸"对话框，即可将所选曲线拉伸成为实体。

对话框中各选项的功能介绍如下：

1. "截面"面板

（1）"绘制截面"按钮 ：单击该按钮，可在工作平面上绘制截面草图以创建拉伸特征。

（2）"曲线"按钮 ：单击该按钮，选择使用已有草图来创建拉伸特征。

2. "方向"面板

用于设置所选对象的拉伸方向。单击"自动判断的矢量"按钮 右边的 ，弹出"指

图 1-1-38　拉伸具有嵌套封闭环的特征　　　　　图 1-1-39　"拉伸"对话框

定矢量"下拉列表,可指定矢量方向;单击"矢量构造器"按钮📍,弹出如图 1-1-40 所示的
"矢量"对话框,在该对话框中可选择所需的拉伸方向;单击"反向"按钮✗,使拉伸方向
反向。

3."限制"面板

(1)"开始":用于限制拉伸的起始位置。

(2)"结束":用于限制拉伸的终止位置。

4."布尔"面板

在"布尔"下拉列表中选择布尔操作命令。

5."拔模"面板

在"拔模"下拉列表中可以选择如下几种拔模方式:

(1)从起始限制,将拔模的起始位置设置为拉伸的起始位置,如图 1-1-41 所示。选择该选项后,在拔模面板中会显示"角度"文本框,用于设置拉伸方向的拉伸角度。其角度的绝对值必须小于 90。大于 0°时沿拉伸方向向内拔模;小于 0°时沿拉伸方向向外拔模。

(2)从截面,将拉伸拔模的起始位置设置为所选取的拉伸截面曲线处,如图 1-1-42 所示。选择该选项后,在面板中除了显示"角度"文本框外,还有"角度选项"下拉列表框,用于选择是"单个"还是"多个"角度。

图 1-1-40 "矢量"对话框

图 1-1-41 从起始限制

(3)从截面—不对称角,将拔模的起始位置设置为所选取的拉伸截面曲线处,从起始位置分别向截面曲线两侧以不同角度拔模。

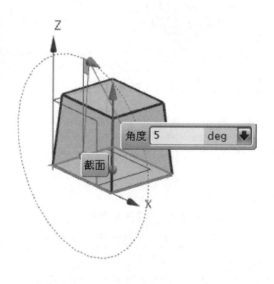

图 1-1-42 从截面

（4）从截面—对称角，将拔模的起始位置设置为所选取的拉伸截面曲线处，从起始位置分别向截面曲线两侧以对称角度拔模。

（5）从截面匹配的终止处，将拔模的起始位置设置为所选取的拉伸截面曲线处，但最终的末端截面形状和截面曲线形状相似。

6."偏置"面板

在"偏置"下拉列表中可以选择以下几种偏置方式：

（1）单侧，在截面曲线一侧生成拉伸特征，如图1-1-43所示。

（2）两侧，在截面曲线两侧生成拉伸特征，以结束值和起始值之差为实体的厚度，如图1-1-44所示。

图 1-1-43 "单侧"创建拉伸特征

图 1-1-44 "两侧"创建拉伸特征

（3）对称，在截面曲线两侧生成拉伸特征，其中每侧的拉伸厚度为总厚度的一半，如图 1-1-45 所示。

图 1-1-45 "对称"创建拉伸特征

拓展练习

（1）运用拉伸特征功能创建阶梯轴，具体尺寸如图 1-1-1 所示。

（2）完成图 1-1-46 所示传动轴实体建模。

图 1-1-46

（3）用拉伸、布尔运算等特征工具完成图 1-1-47 零件实体建模。

图 1-1-47

（4）采用适当的特征工具完成图 1-1-48 所示实体建模。

图 1-1-48

项目二　轴类紧固件——六角头螺栓建模

学习目标

（1）熟练掌握草图的绘制方法。
（2）能够运用拉伸特征建模，并运用倒角工具修饰实体。
（3）能够运用螺纹特征工具进行零件内外表面螺纹的创建。
（4）能够利用回转特征及布尔运算进行切割倒角操作。

![工作任务]

本项目创建轴类紧固件——六角头螺栓,如图 1-2-1 所示。

图 1-2-1　六角头螺栓

项目分析:六角头螺栓为由六角头和圆柱体螺杆构成的六角头螺栓,螺杆上有 C1 倒角和螺纹,螺栓头上有 30°倒角。因此,创建此六角头螺栓可分四步:①创建六角头;②创建螺杆及 C1 倒角;③创建螺纹;④创建六角头 30°倒角。

项目分解:

名称	内容	采用的工具和命令	创建流程	其他工具和命令
1	创建六角头	草图,拉伸		曲线,拉伸实体,镜像曲线
2	创建螺杆及 C1 倒角	拉伸,倒角		圆柱,布尔运算求和,凸台
3	创建螺纹	螺纹		草图,扫掠,布尔运算求差

续表

名称	内容	采用的工具和命令	创建流程	其他工具和命令
4	创建六角头 30°倒角	草图,回转, 布尔运算求差		

项目实施

1. 创建六角头

创建六角头,如图 1-2-2 所示。可以通过创建草图,然后拉伸来创建。具体操作步骤如下:

【步骤 1】启动 NX,新建一个名称为"luoshuan"的部件文件,选择保存文件路径,进入建模模块。

【步骤 2】绘六边形草图。

在菜单栏选择"插入"→"草图",或者单击工具按钮，弹出"创建草图"对话框,如图 1-2-3 所示,选择 XC-YC 平面作为草图平面,在菜单栏选择"插入"→"曲线"→"六边形",按图 1-2-4 尺寸绘制内切圆直径为 φ30 的六边形。

图 1-2-3　"创建草图"对话框

图 1-2-2　六角头

图 1-2-4　螺帽草图

【步骤 3】六角头建模。

在菜单栏选择"插入"→"设计特征"→"拉伸",或单击工具按钮，弹出"拉伸"对话框,如图 1-2-5 所示。具体操作如下：

（1）选择步骤 3 所绘制的草图作为拉伸截面对象。

（2）在限制面板中输入起始距离"0"，结束距离"12.5"。

（3）单击"应用"按钮，即可完成底座的拉伸，如图 1-2-6 所示。

图 1-2-5 "拉伸"对话框

图 1-2-6 六边形拉伸

相关知识

草图——功能详解

草图是绘制于指定平面的 2D 曲线和点的集合。草图可以进行尺寸驱动。用户可以使用它定义特征的截面形状和位置。对于形状复杂、经常需要修改、位置特殊或者参数化的模型尤其适合使用草图。

在 UG NX 中有两种草图绘制方式：直接草图和任务环境中的草图。直接草图在原有的环境中绘制，任务环境中的草图在专门的模块中完成。虽然两种草图的绘制方式不一样，但是步骤、原理是一样的，任务环境中的草图界面介绍如图 1-2-7 所示。

1. 草图的创建

操作步骤如下：

（1）在菜单栏选择"插入"→"草图"，或者单击工具按钮，弹出"创建草图"对话框，如图 1-2-3 所示。

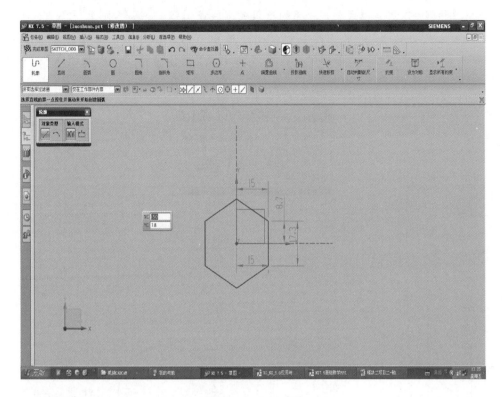

图 1-2-7　草图界面

(2)选择一个草图平面,选取约束识别和创建选项,并指定水平或竖直参考方向。

在平面上:以基准坐标系 CSYS 平面、基准平面或体上平面为放置面创建草图。

在轨迹曲线上:以选定曲线上某点定义草图放置面创建草图。

(3)进入草图绘制界面,使用绘图工具创建截面所需要的曲线、约束等。

(4)编辑草图(修剪多余的曲线、添加约束、添加尺寸等)。

(5)检查并修改使草图达到完全约束。

(6)完成草图,退出草图生成器。

2. 草图曲线与编辑

UG NX 的草图曲线与编辑按钮集中在“草图工具条”上,如图 1-2-8 所示。通过这些按钮,可以方便地创建和编辑草图曲线。

图 1-2-8　草图工具条

轮廓按钮 :以线串模式创建一系列连接的直线或圆弧,也就是说,上一条曲线的终点变成下一条曲线的起点,利用此按钮可以快速绘出草图轮廓曲线。单击此按钮会出现图 1-2-9 所示的轮廓工具条。根据该工具条,可以利用"坐标模式"和"参数模式"两种方式绘制直线或者圆弧,如图 1-2-10 所示。

图 1-2-9　轮廓工具条

(a) 坐标模式绘制直线　　　　　　　　(b) 坐标模式绘制圆弧

(c) 参数模式绘制直线　　　　　　　　(d) 参数模式绘制圆弧

图 1-2-10　轮廓工具的使用

提示:按住鼠标左键不放并拖动可以在直线和圆弧之间进行转换。

"直线"按钮 :用于约束绘制连续直线形轮廓。单击此按钮会出现图 1-2-11 所示的直线轮廓模式工具条。若选择"坐标模式",则每段直线段起点和终点都以坐标来显示,如图 1-2-12(a)所示;若选择"参数模式"则可直接输入直线段长度和与水平方向上的夹角来绘制直线轮廓,如图 1-2-12(b)所示;直线为水平或垂直时,会出现箭头提示。

图 1-2-11　直线轮廓模式工具条　　　　　(a) 坐标模式　　(b) 参数模式

图 1-2-12　直线轮廓模式

"圆弧"按钮 ：利用如图 1-2-13 所示的工具条,可以采用"通过三点"(见图 1-2-14)和通过"指定其中心和端点"(见图 1-2-15)两种方式创建圆弧。

图 1-2-13　圆弧创建工具条

图 1-2-14　通过三点创建的圆弧

图 1-2-15　通过中心和端点创建的圆弧

"圆"按钮 ：利用图 1-2-16 所示的工具条,可以通过"圆心和半径决定的圆"(见图 1-2-17)和"通过三点的圆"(见图 1-2-18),两种方式创建圆弧。

图 1-2-16　圆创建工具条

图 1-2-17　圆心和半径决定的圆

图 1-2-18　通过三点的圆

"快速修剪" :该按钮具有 3 个下拉选项 "快速修剪"、"快速延伸"和"制作拐角",如图 1-2-19 所示。

（1）"快速修剪" :单击"快速修剪"按钮 ,将会弹出图 1-2-20 所示的"快速修剪"对话框,该对话框有"边界曲线"和"要修剪的曲线"两个选项,根据这两个选项,曲线修剪具有两种形式,一种是默认的直接修剪,另一种是设定修剪边界修剪,直接修剪即直接剪切掉多余的曲线,修剪范围默认为选择点左右两侧该曲线与其他曲线的交点处,若没有交点,就是修剪整条曲线,如图 1-2-21 所示。

图 1-2-19　快速修剪

图 1-2-20　"快速修剪"对话框

(a)

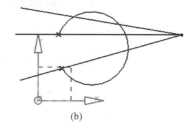

(b)

图 1-2-21　直接修剪

若要修剪更大范围的曲线,则可利用边界来完成,单击"边界曲线"下的"选择曲线",然后选择修剪曲线的范围,如图 1-2-22 所示,选择完边界后,单击鼠标中键或者单击"要修剪曲线"下的"选择曲线",再选择需要修剪的曲线段,即完成修剪工作。

(a)　　　　　　　　　　　　　　　　　　(b)

图 1-2-22　利用"边界"修剪曲线

若修剪多个对象,则按住鼠标左键,并将光标拖动到要修剪的对象上。采用蜡笔工具标记对象,释放鼠标左键来完成修剪,如图 1-2-23 所示,图 1-2-23(a)为修剪前的样式,图 1-2-23(b)为修剪后的结果。

(a)　　　　　　　　　　(b)

图 1-2-23　一次修剪多个对象

(2)"快速延伸" :与快速修剪相反,快速延伸用于添加线段。单击快速延伸按钮 ,将会弹出如图 1-2-24 所示的"快速延伸"对话框,"快速延伸"对话框也有两个选项"边界曲线"和"要延伸的曲线",根据这两个选项,曲线延伸具有两种形式,一种为默认的直接延伸,可直接选择需要延伸的曲线,被选中的曲线将沿着原有的曲率延伸,直到遇到相交的曲线为止,延伸可连续操作,如图 1-2-25 所示,图 1-2-25(b)所示为第一次延伸,图 1-2-25(c)所示为第二次延伸,因为曲线再延伸一次就构成封闭曲线,所以不能继续延伸下去。

图 1-2-24　"快速延伸"对话框

(a)未延伸操作　　　　　　(b)第一次延伸　　　　　　(c)第二次延伸

图 1-2-25　直接延伸操作

若要延伸至更大范围,则可利用"边界曲线"来完成,单击"边界曲线"下的"选择曲线",然后选择延伸的范围,如图 1-2-26 所示,选择完成后,单击鼠标中键或者单击"要延伸曲线"下的"选择曲线",再选择需要延伸的曲线段,即可完成延伸工作。

(3)"制作拐角" :是用于对两条不平行的平面曲线交点进行处理的功能。单击"制作拐角"按钮 ,将弹出"制作拐角"对话框,如图 1-2-27 所示。对于交叉的曲线,以交点为界,选择端被保留,另一端将在交点处被修剪掉,如图 1-2-28 所示。对于两条相交的曲线,通过交点将两条曲线连接在一起,如图 1-2-29 所示。

图 1-2-26　边界延伸

图 1-2-27　"制作拐角"对话框

图 1-2-28　两曲线有交点

图 1-2-29　两曲线没有交点

"圆角" ⌐：用于在两条或三条曲线之间创建一个圆角。可以采用这个功能修剪输入的曲线,删除三曲线圆角的第三条曲线,并指定圆角半径值。移动光标可以预览圆角并决定其尺寸和位置。单击"圆角"按钮 ⌐,将会弹出"创建圆角"对话框,如图 1-2-30 所示,该对话框分为两部分,"圆角方法"和"选项","圆角方法"包含"修剪"和"取消修剪",修剪就是不保留圆角创建后多余的线段,如图 1-2-31 所示,"取消修剪"就是保留原有曲线,如图 1-2-32 所示。选择需要创建圆角的两条或三条曲线,然后在"半径"跟随输入框中输入需要的圆角半径,单击或按下回车键,即可完成操作。

图 1-2-30 "创建圆角"对话框

图 1-2-31 带修剪功能的圆角操作

图 1-2-32 不带修剪功能的圆角操作

也可以使用蜡笔工具创建圆角,按下鼠标左键,并在两个曲线上拖动光标来回移动,然后放开鼠标左键,即可在光标通过的曲线上创建圆角。可通过"圆角方法"来控制是否保留原曲线。如果选择的曲线多于两条,则只有前两条是圆角选项的输入。单击"圆角"按钮时,光标后会出现"半径"跟随输入框,可输入需要的半径值,单击鼠标左键或按下回车键,将使用该半径创建圆角,如图 1-2-33 所示,如果保留半径字段为空,系统会通过蜡笔工具估计出半径值。

图 1-2-33　使用蜡笔工具创建圆角

"矩形"▭:提供在草图平面上创建矩形的方法。单击矩形按钮▭,将会弹出"矩形"对话框,如图 1-2-34 所示。

创建矩形的方式有 3 种:"用 2 点"、"按 3 点"和"从中心"。

"用 2 点"▱:此方法采用指定两个对角点确定宽度和高度的方式来创建矩形。可用此方法创建一个四边分别平行于 XC 和 YC 轴的矩形,如图 1-2-35(a)所示。

图 1-2-34　"矩形"对话框

"按 3 点"▱:创建与 XC 轴和 YC 轴成一定角度的矩形,前两个选择的点显示宽度和矩形的角度,第三个点指示高度,如图 1-2-35(b)所示。

"从中心"▱:通过指定中心点、第二个点来指定角度和宽度,并用第三个点指定高度以创建矩形,如图 1-2-35(c)所示。

图 1-2-35　矩形创建方式

"多边形"⬡:是 UG NX 新增的在草图平面上创建多边形的方法。单击"多边形"按钮，将会弹出"多边形"对话框，如图 1-2-36 所示。输入图 1-2-36 所示参数，将得到图 1-2-37 所示正六边形。

图 1-2-36　"多边形"对话框

图 1-2-37　正六边形

"镜像曲线" ：是以一条中心线为参考，将草图曲线进行对称复制的操作。单击"镜像曲线"按钮 ，将会弹出图 1-2-38 所示的"镜像曲线"对话框。具体操作分成两步进行，首先选择镜像中心线，然后选择需要镜像的草图曲线，最后单击"确定"按钮，即可完成镜像操作。镜像后的几何体与原几何体相关联，当原几何体结构、尺寸发生变化时，镜像几何体也随之变化，如图 1-2-39 所示。

图 1-2-38　"镜像草图"对话框

图 1-2-39　镜像操作

"偏置曲线" ：主要用于对多个相互平行、同心或结构形状相同的曲线进行快捷绘制的操作，如图 1-2-40 所示。进行偏置操作时，单击"草图工具条"上的"偏置曲线"按钮，即可弹出图 1-2-41 所示的"偏置曲线"对话框。

3. 草图约束

使用草图创建截面，不用考虑精确截面的位置与形状，按照设计意图创建曲线后，再使用尺寸约束与几何约束来控制截面的位置和形状，通过约束功能可以有效降低创建截面的难度并节省时间。草图约束分为几何约束和尺寸约束两类。

图 1-2-40　偏置操作　　　　　　　　图 1-2-41　"偏置曲线"对话框

　　几何约束用于确定草图对象形状以及在坐标平面中的位置,建立几何约束有 3 种方式:手工创建约束 ⫫、自动判断约束 ⫽ 和自动约束 ⫽。常用的几何约束类型见表 1-2-1。

表 1-2-1　几何约束类型

约束名称	命令按钮	图形标识	约束名称	命令按钮	图形标识
固定	⬎	⊥	等长	＝	＝
完全固定	⬎	⊥	等半径	⌒	⌒
重合	⌐	⌐	恒定长度	↔	↔
同心	◉	◉	恒定角度	∠	∠
共线	⫽	⫽	镜像曲线	⬚	⬚
点在线上	↑	✕	对称约束	⬚	▷◁
点在线串上	⌐	●	圆形阵列	⬚	⬚

续表

约束名称	命令按钮	图形标识	约束名称	命令按钮	图形标识
中点	┼	⋮	1 方向线性阵列		○○○
水平	→	→	2 方向线性阵列		○○○ / ○○○
竖直	↑	↑	偏置曲线		
平行	//	//	曲线斜率		
垂直	┴	┴	均匀比例		
相切	○	♀	非均匀比例		

"尺寸约束"用于确定草图对象的尺寸。"尺寸约束"可以在草图工具条上找到,如图 1-2-42 所示,共有水平、竖直、平行、垂直、角度、直径、半径、周长 8 种,使用时根据尺寸类型进行选择,一般利用系统"自动判断尺寸"来进行,而不做其他选择。"尺寸"对话框如图 1-2-43 所示。

图 1-2-42　尺寸下拉列表

图 1-2-43　"尺寸"对话框

提示:"尺寸约束"是对"几何约束"的补充,一般境况下,尽可能多使用"几何约束",尽量少用"尺寸约束"

"尺寸约束"的修改:在需要修改的尺寸上双击鼠标右键,在弹出的表达式输入框中输入新的尺寸即可。

草图是二维图形,所以草图约束就是限制草图对象在平面上的自由度,在进行草图约束时,草图对象上会自动显示自由度或约束条件符号,即在线段的端点或圆的圆心处会出现相互垂直的黄色箭头,显示出草图对象需要约束的所有自由度,如果没有显示,则说明该对象已受到约束,随着"几何约束"和"尺寸约束"的添加,黄色箭头会逐个减少,当对象全部被约束后,箭头也随之全部消失。当约束超过需要的时候,会出现过约束,此时,草图对象在过约束的地方变成黄色,在"提示栏"位置会提示"草图包含有过约束的几何体"。

"显示所有约束"![图标]:在草图工具条上单击显示所有约束按钮![图标],就会在草图上显示已存在的所有约束,如图 1-2-44 所示。

"显示/移除约束"![图标]:在草图工具条上单击"显示/移除约束"按钮![图标],将会弹出图 1-2-45 所示的"显示/移除约束"对话框。用于查看对象或对象间已有约束。

图 1-2-44　显示所有约束　　　　　　图 1-2-45　"显示/移除约束"对话框

"转移至/自参考对象"![图标]:在草图工具条上单击"转移至/自参考对象"按钮![图标],将会弹出图 1-2-46 所示的"转移至/自参考对象"对话框。用于将草图对象或尺寸转化为参考(辅助线或辅助尺寸),反之亦可。

图 1-2-46　"转移至/自参考对象"对话框

2. 创建螺杆及 C1 倒角

在已创建的螺帽上创建一个直径 $\phi20$，高度 70 的圆柱凸台，如图 1-2-47 所示。

图 1-2-47　创建螺杆

【**步骤 1**】绘制螺杆草图。

在菜单栏选择"插入"→"草图"，或者单击工具按钮 ，弹出"创建草图"对话框，将六角螺母的上表面平面作为草图平面，按图 1-2-48 尺寸绘制草图。

【**步骤 2**】拉伸草图。

在菜单栏选择"插入"→"设计特征"→"拉伸"，或单击工具按钮 ，弹出"拉伸"对话框，具体操作步骤如下：

（1）选择螺杆草图作为拉伸截面对象。

（2）在限制面板中输入起始距离"0"，结束距离"70"。

（3）单击"确定"按钮，即可完成螺杆的拉伸，如图 1-2-49 所示。

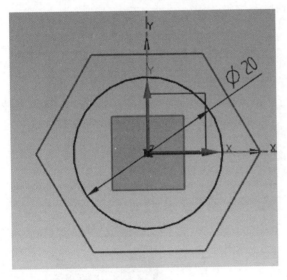

图 1-2-48　螺杆草图

图 1-2-49　螺杆拉伸

【**步骤 3**】螺杆倒角。

在菜单栏选择"插入"→"细节特征"→"倒斜角"，或单击工具按钮 倒斜角，弹出"倒斜角"对话框，具体操作步骤如下：

（1）选择螺杆尾端圆轮廓作为倒斜角对象。

（2）在"横截面"功能面板中选择"对称"，输入距离"1"。

（3）单击"确定"按钮，即可完成 C1 倒角的创建，如图 1-2-47 所示。

3. 创建螺纹

在螺杆上创建一段长度为 45，螺距为 2.5 的螺纹，如图 1-2-50 所示。

图 1-2-50　螺纹

在菜单栏选择"插入"→"设计特征"→"螺纹"，或单击工具按钮 ▓，弹出"螺纹"对话框，如图 1-2-51 所示，具体步骤如下：

（1）选择已创建的螺杆的外圆面，如图 1-2-52 所示。

（2）在"螺纹"对话框中，螺纹类型选择 ◉详细，输入长度"45"，螺距"2.5"，"旋转"选择"右手"，即为右旋螺纹，角度选择"60"，即为普通螺纹。

（3）单击"确定"按钮，即可完成螺纹的创建，如图 1-2-50 所示。

图 1-2-51　"螺纹"对话框（详细螺纹）

外圆面

图 1-2-52　选择螺纹放置面

知识拓展

可以通过"凸台"命令来完成螺杆主体建模，详见项目三。可以通过创建草图，沿螺旋线扫掠，布尔运算求差来完成螺纹的创建。

相关知识

螺纹特征——功能详解

螺纹就是在回转体内或外创建螺纹特征,螺纹类型有两种:符号螺纹和详细螺纹。

(1)符号螺纹:螺纹表面用虚线圆圈的形式表示,是一种简易画法,创建速度快,如图 1-2-53(a)所示。

(2)详细螺纹:可逼真地显示螺纹状况,创建过程较慢,如图 1-2-53(b)所示。

在菜单栏选择"插入"→"设计特征"→"螺纹",或单击工具按钮 ,弹出"螺纹"对话框,图 1-2-54 所示为符号螺纹的创建参数对话框,图 1-2-51 所示为详细螺纹的创建参数对话框。

创建不同类型的螺纹所需的参数是不一样的,首先选择创建螺纹的类型,然后在绘图区选择需要创建螺纹的回转体表面,系统会根据回转体表面的参数自动确定螺纹参数,用户在使用时只需根据要求,稍作修改即可,修改时,在参数输入上也有两种选择,即可手工输入,也可从螺纹参数列表中选择,然后输入螺纹长度,选择旋向,指定螺纹起始面,螺纹生成方向,最后单击"确定"按钮即可创建螺纹特征。

(a)符号螺纹　　　　　(b)详细螺纹

图 1-2-53　螺纹类型

图 1-2-54　"螺纹"对话框(符号螺纹)

4. 创建六角头 30°倒角

六角头的倒角如图 1-2-55 所示,它不同于普通的倒斜角和倒圆角,可以通过创建草图,回转和布尔运算求差来创建。具体操作步骤如下：

【步骤1】绘倒角草图。

单击工具按钮 ，选择 *XC-ZC* 平面作为草图平面，按图 1-2-56 所示尺寸绘草图。

【步骤2】倒角建模——回转。

在菜单栏选择"插入"→"设计特征"→"回转"，或单击工具按钮 ，弹出"回转"对话框，如图 1-2-57 所示。具体步骤如下：

（1）选择步骤1所绘制的草图作为回转截面对象。

（2）选择 *Z* 轴为回转轴，在"限制"面板中输入起始角度"0"，结束角度"360"。

（3）在"布尔"面板下拉列表中选择 求差。

（4）单击"确定"按钮，即可完成六角头倒角的创建，如图 1-2-55 所示。

图 1-2-55　六角头倒角

图 1-2-56　倒角草图

图 1-2-57　"回转"对话框

相关知识

回转特征——功能详解

将剖面串绕指定的轴线旋转一定的角度而生成的实体称为回转体,"回转"工具主要用于创建沿圆周方向具有相同剖面的复杂实体。利用"回转"工具创建回转体的操作步骤如下:

(1)"插入"→"设计特征"→"回转",或单击工具按钮 █ ,弹出"回转"对话框,如图 1-2-57 所示。

(2)选择回转截面。

(3)确定回转轴和回转点:单击"回转"对话框中的"轴"项中"指定矢量"后"自动判断的矢量"按钮 ✦ ,确定回转轴,可以是某个坐标轴,也可是某条直线,还可以通过点构造器来创建回转轴。单击"指定点"后的点构造器按钮 ✛ ,来创建或者选择存在的点作为回转点。

(4)确定回转角,采用"回转"对话框中"起始"和"结束"下拉列表框的不同选项设置回转角度,也可根据"开始"和"终止"的选项来确定回转角度的大小,回转方向符合右手定则,即握住右手,大拇指与回转轴方向一致,四指环绕方向即为回转方向。

(5)各参数设置效果如图 1-2-58 所示。

图 1-2-58 回转参数设置

拓展练习

(1)用"回转"、"孔"、"螺纹"等特征工具完成图 1-2-59 所示图形的实体建模。

图 1-2-59

（2）用"回转"、"孔"、"螺纹"等特征工具完成图 1-2-60 所示图形的实体建模。

图 1-2-60

（3）用"拉伸"、"回转"、"布尔运算"等特征工具完成图 1-2-61 所示图形的实体建模。

图　1-2-61

（4）采用"草图"、"回转"、"螺纹"等特征工具完成图 1-2-62 所示图形实体建模。

图　1-2-62

项目三　端盖类零件——轴承盖建模

学习目标

（1）能够根据建模结构需要运用"基准"特征工具创建基准平面。

（2）能够运用"凸台"特征工具创建圆柱凸台。

（3）能够运用"孔成型"特征工具准确定位并创建孔。

（4）初步掌握实例特征和修剪体特征操作。

（5）能熟练运用"倒斜角"等细节特征工具创建倒角。

工作任务

创建端盖类零件——轴承盖,如图 1-3-1 所示。

图 1-3-1 轴承盖

项目分析:轴承盖由底座和凸台构成,底座和凸台上有简单孔和倒角特征。因此,创建此轴承盖可分四步:①创建底座;②创建凸台;③创建孔;④创建倒角。

项目分解:

名称	内容	采用的工具和命令	创建流程	其他工具和命令
1	创建底座	圆柱,修剪体		草图,拉伸

续表

名称	内容	采用的工具和命令	创建流程	其他工具和命令
2	创建凸台	凸台		草图,拉伸 或者圆柱,布尔运算求和
3	创建孔	孔,实例(环形阵列)		草图,拉伸 或者圆柱,布尔运算求差
4	创建倒角	倒斜角		

项目实施

1. 创建底座

底座如图 1-3-2 所示,由圆柱体裁去一部分得到。具体步骤如下:

【步骤1】启动 NX,新建一个名称为"zhouchenggai"的部件文件,选择保存文件路径,进入建模模块。

【步骤2】创建圆柱。

在菜单栏选择"插入"→"设计特征"→"圆柱",如图 1-3-3 所示,弹出"圆柱"对话框中,如图 1-3-4 所示。具体步骤如下:

图 1-3-2 底座

(1)在"尺寸"面板中分别输入直径"54"、高度"5"。

(2)单击"确定"按钮,即可完成圆柱体的创建,如图 1-3-5 所示。

图 1-3-3 "插入"菜单

图 1-3-4 "圆柱"对话框

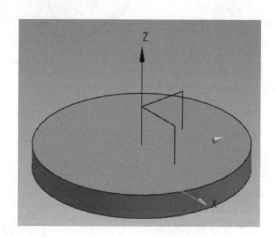

图 1-3-5 圆柱建模

【步骤3】修剪圆柱。

1)创建新基准平面

在菜单栏选择"插入"→"基准/点"→"基准平面",或单击工具按钮 ⬚ ,弹出"基准平面"对话框,具体步骤如下:

(1)单击"类型",在弹出的下拉列表中选择" XC-ZC平面",距离输入"–24",如图 1-3-6 所示。

（2）单击"应用"，即完成新基准平面的创建，如图 1-3-7 所示。

图 1-3-6　"基准平面"对话框

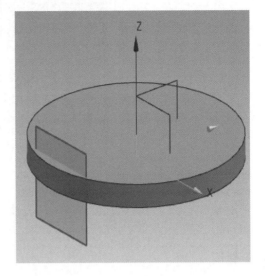

图 1-3-7　创建基准面

2）修剪圆柱面

在菜单栏选择"插入"→"修剪"→"修剪体"，如图 1-3-8 所示，或单击工具按钮 ▭，弹出"修剪体"对话框，如图 1-3-9 所示，具体步骤如下：

（1）单击"目标"面板按钮 ▦，选择圆柱体作为目标。

（2）单击"刀具"面板按钮 ▦，选择上一步创建的基准平面作为刀具。

（3）单击"刀具"面板按钮 ✕。

（4）单击"应用"→"确定"，即可完成圆柱体的修剪，如图 1-3-10 所示。

图 1-3-8　"插入"菜单

图 1-3-9　"修剪体"对话框

图 1-3-10   圆柱"修剪"

相关知识

基准平面——功能详解

在执行基准平面命令后,弹出图 1-3-11 所示对话框,其中"类型"面板下拉列表中的各项功能说明如下。

图 1-3-11   "基准平面"对话框

(1)自动判断:通过选择的对象自动判断约束条件。如选取一个表面或基准平面时,系统自动生成一个预览基准平面,可以输入偏置值和数量来创建基准平面。

(2)成一角度:创建一个基准平面与已知平面成一定角度,角度值大小可以输入。如先选择已知平面,再选择一个与该平面平行的基准轴或者直线作为旋转轴,最后输入角度值大小。输入角度值大小为负值时,平面顺时针旋转,反之输入角度值大小为正值时,平面逆时针旋转。

(3)按某距离:创建一个基准平面与已知平面(基准面或零件表面)平行,偏置值的大小可以输入。

(4)二等分:创建一个基准平面与两平行平面距离相等,或创建一个基准平面与两相交平面所成角度相等。

(5)两直线:通过现有两条直线,或直线与线性边、面的法向向量或基准轴的组合创建一个基准平面。该基准平面包含第一条直线且平行于第二条直线。假如两条直线共面,则该面同时包含这两条直线。

(6)相切:创建一个基准平面与任意非平面的表面相切,还可以选择与第二个选定对象相切。

（7）通过对象：根据选定的对象创建基准平面，对象包括曲线、边缘、面、基准平面、圆柱、圆锥或者回转面的轴、基准坐标系、球面以及回转曲面。

（8）系数：通过使用系数 A、B、C、D 来制订一个方程的方式。创建固定基准平面，该基准平面由方程 $ax + by + cz = d$ 确定。

（9）点和方向：通过定义一个点和一个方向来创建基准平面。定义的点可以是曲线或者曲面上的点，也可以通过点构造器创建点；定义的方向可以用矢量构造器来构建，也可以通过选取的对象自动判断。

（10）在曲线上：创建一个基准平面通过已知点并与曲线垂直或相切。

（11）YC-ZC plane：沿工作坐标系或绝对坐标系的 YC-ZC 轴创建一个固定的基准平面。

（12）XC-YC plane：沿工作坐标系或绝对坐标系的 XC-YC 轴创建一个固定的基准平面。

（13）XC-ZC plane：沿工作坐标系或绝对坐标系的 XC-ZC 轴创建一个固定的基准平面。

（14）视图平面：创建平行于视图平面并穿过绝对坐标系原点的固定基准平面。

基准轴——功能详解

在执行"基准轴"命令后，弹出图 1-3-12 所示对话框，其中"类型"面板下拉列表中的各项功能说明如下。

（1）自动判断：系统根据选择对象自动判断约束。

（2）交点：通过两个相交平面创建基准轴。

（3）曲线/面轴：创建一个起点在选择曲线上的基准轴。

（4）曲线上矢量：创建与曲线的某点相切、垂直或者与另外一对象垂直或平行的基准轴。

（5）XC 轴：沿 XC 方向创建基准轴。

（6）YC 轴：沿 YC 方向创建基准轴。

（7）ZC 轴：沿 ZC 方向创建基准轴。

（8）点和方向：通过定义一个点和一个矢量方向来创建基准轴。

图 1-3-12 "基准轴"对话框

（9）两点：通过两点创建基准轴，第一点为基点，第二点用于定义基准轴的方向。

2. 创建凸台

在已创建的底座上创建一个直径 $\phi35$，高度 5 的圆柱凸台，如图 1-3-13 所示。

图 1-3-13 创建凸台

【步骤】在菜单栏选择"插入"→"设计特征"→"凸台",或单击工具按钮📦,弹出"凸台"对话框,如图 1-3-14 所示,具体步骤如下:

（1）输入直径"35",高度"5",及锥角值"0"。

（2）选择底座上表面作为放置面,单击"应用"。

（3）弹出"定位"对话框,如图 1-3-15 所示。单击按钮✓,弹出"点到点"对话框,如图 1-3-16 所示。

图 1-3-14　"凸台"对话框

图 1-3-15　"定位"对话框

（4）单击底座的圆边作为定位边,如图 1-3-17 所示。

（5）弹出"设置圆弧的位置"对话框,选择 圆弧中心 ,如图 1-3-18 所示。

图 1-3-16　"点到点"对话框

图 1-3-17　定位边

（6）单击"确定"按钮,完成定位,即可完成凸台建模,如图 1-3-19 所示。

图 1-3-18　"设置圆弧的位置"对话框

图 1-3-19　凸台建模

相关知识

凸台——功能详解

"凸台"命令可以用于在一个已存在的实体面上创建一个圆形凸台,其侧面可以是直的或拔模的,如图 1-3-20 所示。创建后,凸台与原来的实体加在一起成为一体。

与孔特征相似,凸台的放置面必须是实体上的平面或者基准平面。凸台的一般创建步骤如下。

(1)选择放置面。

(2)输入凸台参数:直径,高度,锥角(锥角允许为负值),单击"确定"按钮。

(3)弹出"定位"对话框,选择定位方式对凸台进行定位。常用的定位方式有 ✐("点到点")和 ▨("垂直")。

图 1-3-20　凸台

①在已知圆柱体上表面创建一凸台(凸台尺寸可以自己定制),要求凸台轴线与圆柱轴线共线,定位方式采用"点到点",如图 1-3-21 所示,选择圆柱体上表面的边缘,弹出"设置圆弧的位置"对话框,如图 1-3-22 所示。单击"圆弧中心",即可完成凸台的定位。

图 1-3-21　"点到点"定位

图 1-3-22　"设置圆弧的位置"对话框

②在一个长 30,宽 24,高 10 的长方体的上表面创建凸台(凸台尺寸可以自己定制),要求凸台圆心位于长方体上表面中心,那么定位方式采用 ▨("垂直"),如图 1-3-23 所示,选择边 1 作为基准 1,然后在定位对话框中输入"12",单击"应用";选择边 2 作为基准 2,然后在定位对话框中输入"15",即可完成凸台的创建。

图 1-3-23　"垂直"定位

3. 创建孔

在凸台上创建一个直径 $\phi28$，深度 5 的孔，在底座上创建 3 个直径 $\phi5$ 通孔，如图 1-3-24 所示。

图 1-3-24　创建孔

【步骤 1】创建凸台孔。

单击"插入"→"设计特征"→"孔"，或单击工具按钮 ，弹出"孔"对话框，如图 1-3-25 所示，具体操作如下：

(1) 在"类型"面板下拉列表中选择 常规孔。

(2) 在"成型"面板下拉列表中选择 简单 。

(3) 在"尺寸"面板输入直径"28"，深度限制为"值"，孔深度"5"，顶锥角"0"。

(4) 在"布尔"面板下拉列表中选择 求差 。

(5) 单击"位置"面板工具按钮 ，捕捉凸台上表面的圆心作为指定点，如图 1-3-26 所示。

(6) 单击"应用"，即可完成凸台孔的创建，如图 1-3-27 所示。

【步骤 2】创建底座孔 1。

单击"插入"→"设计特征"→"孔"，或单击工具按钮 ，弹出"孔"对话框，具体操作如下：

（1）在"类型"面板下拉列表中选择 ▮ 常规孔 。

（2）在"成型"面板下拉列表中选择 ▮ 简单 。

（3）在"尺寸"面板输入直径"5"，在深度限制下拉列表中选择"贯通体"。

图 1-3-25　"孔"对话框

图 1-3-26　指定点

图 1-3-27　创建凸台孔

（4）单击"位置"面板按钮 ▦，弹出"创建草图"对话框，如图 1-3-28 所示。然后选择底座上表面为草图平面。

（5）单击"确定"按钮，进入草图环境，根据零件图上定位尺寸绘制图 1-3-29 所示 φ5 孔中心点草图，绘制完毕，单击"完成草图"，系统自动返回"孔"对话框。

图 1-3-28 "创建草图"对话框

图 1-3-29 孔心草图

（6）单击"应用"→"确定"按钮，即可完成底座孔的创建，如图 1-3-30 所示。

【步骤 3】阵列孔。

单击"插入"→"关联复制"→"实例特征"，如图 1-3-31 所示，或单击工具按钮 ，弹出"实例"对话框 1，如图 1-3-32 所示，具体操作如下：

（1）单击"圆形阵列"按钮。

（2）弹出"实例"对话框 2，如图 1-3-33 所示。在过滤器列表框中选择 **简单孔(17)**，单击"确定"按钮。

图 1-3-30 创建底座孔 1

图 1-3-31 "插入"菜单

图 1-3-32　"实例"对话框 1

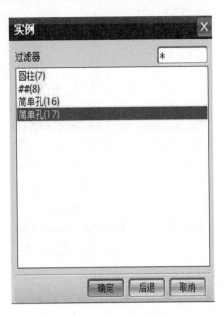

图 1-3-33　"实例"对话框 2

（3）弹出"实例"对话框 3，如图 1-3-34 所示。输入数字"3"，角度"120"，单击"确定"按钮。

（4）弹出"实例"对话框 4，单击"基准轴"，如图 1-3-35 所示。

（5）弹出"选择一个基准轴"对话框，如图 1-3-36 所示，选择"ZC 轴"作为基准轴。

（6）弹出"创建实例"对话框，如图 1-3-37 所示，单击"是"→"取消"，即可完成孔的阵列，如图 1-3-38 所示。

图 1-3-35　"实例"对话框 4

图 1-3-34　"实例"对话框 3

图 1-3-36　"选择一个基准轴"对话框

图 1-3-37 "创建实例"对话框

图 1-3-38 阵列孔

相关知识

孔特征——功能详解

在实体上创建孔的一般步骤为：

单击"插入"→"设计特征"→"孔"，或单击工具按钮，弹出"孔"对话框，如图 1-3-39 所示，其中的主要面板选项说明如下。

（1）指定孔的类型。

常规孔：创建用户自定义孔参数的简单孔、沉头孔、埋头孔和锥形孔。

锥形孔：以选定的锥形孔标准（AISI、ISO）、尺寸规格（标准规格或用户自定义的尺寸）创建可有起始和终止端倒斜角的孔特征。

螺钉间隙孔：以选定的螺钉标准（含螺钉类型、螺钉尺寸规格、拟合等级）、创建可有起始和终止端倒斜角的简单孔、沉头孔或埋头孔特征。

螺纹孔：以选定的螺纹标准（含螺纹尺寸规格）、创建可有止裂口、起始和终止端倒斜角的螺纹孔特征。

孔系列：以选定的孔标准和孔类型（简单、沉头、埋头）在同部件的多个实体或装配的各个部件上创建相应的孔特征。

（2）在成型面板下拉菜单中指定常规孔的类型：常规孔分为简单孔 简单、沉头孔 沉头孔、埋头孔 埋头孔和锥形孔 锥形4类。

（3）设置尺寸参数。

（4）对孔的位置进行定位：指定已有的点为孔中心定

图 1-3-39 "孔"对话框

位点，通过草图绘制孔心位置；

(5)指定孔的方向："垂直于面"或"沿矢量"。

(6)单击"确定"按钮，完成孔的创建工作。

实例特征——功能详解

在建模过程中经常需要建立一些按照一定规律分布且完全相同的特征，如对称体等，对于这种情况可以先建立一个特征，然后通过"实例特征"建立其余的特征，可以提高设计效率，而且这些特征相互关联，修改其中一个，其他都跟着变化。

单击"插入"→"关联复制"→"实例特征"，或单击工具按钮，弹出图 1-3-40 所示"实例"对话框 1，利用对话框可以实现以下操作：

图 1-3-40 "实例"对话框 1

1. 矩形阵列

矩形阵列是将特征平行于 XC 轴和 YC 轴进行阵列，如图 1-3-41 所示。

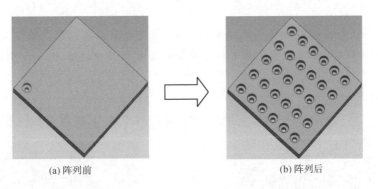

(a)阵列前   (b)阵列后

图 1-3-41 矩形阵列

矩形阵列的创建步骤如下：

(1)单击"实例"对话框 1 中"矩形阵列"按钮。

(2)在弹出的"实例"对话框 2 中选择需要阵列的特征要素，单击"确定"按钮，如图 1-3-42 所示。

(3)弹出"输入参数"对话框，如图 1-3-43 所示。阵列的方法有 3 种："常规"、"简单"

和"相同"。输入"XC 向的数量"、"XC 偏置"、"YC 向的数量"和"YC 偏置",单击"确定"按钮。

图 1-3-42　"实例"对话框 2　　　　图 1-3-43　"输入参数"对话框

"常规"阵列:从已存在特征建立一引用特征并确认所有几何体,允许特征越过实体面的边缘,可以从一个表面跨越到另一个表面。

"简单"阵列:类似于"一般"阵列,但可消除额外的数据确认和优化操作,加速阵列的建立。

"相同"阵列:与前两种方法相比,"相同"阵列是建立引用阵列最快的方法,阵列过程中只进行最少量的数据确认,然后复制平移主特征的所有表面和边缘,每一个引用都是原特征的精确复制。

2. 圆形阵列

圆形阵列是将所选特征绕指定的轴线,分布在回转半径上,如图 1-3-44 所示,

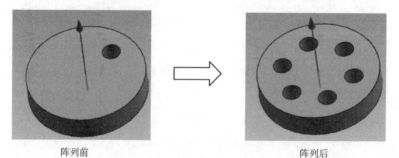

阵列前　　　　　　　　阵列后

图 1-3-44　圆形阵列

圆形阵列的创建步骤如下：

（1）单击"实例"对话框 1 中"圆形阵列"按钮。

（2）在弹出的"实例"对话框 2 中选择需要阵列的特征要素，单击"确定"按钮，如图 1-3-45 所示。

（3）弹出"实例"对话框 3，如图 1-3-46 所示。阵列的方法有 3 种："常规"、"简单"和"相同"，其意义和矩形阵列中的相同。输入"数量"和"角度"，单击"确定"按钮。

（4）弹出"实例"对话框 4，然后选择回转轴，如图 1-3-47 所示。选择回转轴有 2 种方式："基准轴"和"点和方向"，具体的选择的方式取决于实际建模条件。当回转轴选择完成后，单击"确定"按钮。

图 1-3-45　"实例"对话框 2

图 1-3-46　"实例"对话框 3

图 1-3-47　"实例"对话框 4

4. 创建倒角

轴承盖上下周边都需要倒 C1 的斜角，完成倒角后的轴承盖如图 1-3-50 所示。具体步骤如下：

在菜单栏选择"插入"→"细节特征"→"倒斜角"，或单击工具按钮 倒斜角，弹出"倒斜角"对话框，如图 1-3-48 所示，操作步骤如下：

（1）"横截面"选择"对称"，输入距离"1"，如图 1-3-48 所示。

（2）选取轴承盖上下外棱边，如图 1-3-49 所示。

（3）单击"确定"按钮，完成倒角，结果如图 1-3-50 所示。

图 1-3-48 "倒斜角"对话框

图 1-3-49 倒角边选取

图 1-3-50 完成倒角的轴承盖

知识拓展

底座、凸台也可以通过草图和拉伸来完成创建。

拓展练习

1. 用"拉伸"、"孔"、"实例"等特征工具完成图 1-3-51 所示图形的实体建模。

图 1-3-51

2. 用"孔"、"实例"等特征工具完成图 1-3-52 所示图形的实体建模。

图 1-3-52

3. 用适当的特征工具完成图 1-3-53 所示图形的实体建模。

图 1-3-53

4. 用适当的特征工具完成图 1-3-54 实体建模。

图　1-3-54

学习目标

（1）能够熟练完成建模环境设置。

（2）能够熟练创建基本体。

（3）能够正确选择机械结构的定位点并创建定位点。

（4）能够运用回转工具进行回转体建模。

（5）能够运用抽壳工具创建薄壁零件。

（6）能够根据机械设计的需要创建倒角。

工作任务

创建轮盘类零件——旋钮盖建模，如图 1-4-1 所示。

图 1-4-1 旋钮盖

项目分析:旋钮盖为由壳体构成的旋钮,壳体上有倒角,因此,创建此传动轴可分四步:(1)创建主体;(2) 创建 $R9$ 的圆周凹圆弧;(3)创建凹六角和 $\phi10$ 通孔;(4)倒圆角、抽壳。

项目分解:

名称	内　　容	采用的工具和命令	创建流程	其他工具和命令
1	创建主体	草图、回转		回转
2	创建 $R9$ 的圆周凹圆弧	草图,拉伸,阵列,边倒圆		片体裁剪,曲面除料
3	创建凹六角和 $\phi10$ 通孔	草图,拉伸		片体裁剪,曲面除料

续表

名称	内　　容	采用的工具和命令	创建流程	其他工具和命令
4	倒圆角、抽壳	边倒圆，抽壳		

项目实施

1. 创建主体

创建基本体——圆柱体构成的主体，如图 1-4-2 所示。

【步骤 1】进入建模环境。

启动 NX，新建一个名称为"xuanniugai"的文件，选择保存文件路径，进入建模模块。

【步骤 2】绘草图 1。

单击工具按钮🔲，选择 XC-YC 平面作为草图平面，按图 1-4-3 尺寸绘草图。（注意：图形当中不允许有多余的图元）。

图 1-4-2　旋钮盖

图 1-4-3　草图 1

【步骤 3】创建回转体。

在菜单栏选择"插入"→"设计特征"→"回转"，或单击工具按钮🔩，弹出"回转"对话框，如图 1-4-4 所示，具体操作如下：

（1）在"指定矢量"下拉列表中选择🔲。

（2）单击"指定点"面板按钮➕，弹出"点"对话框，如图 1-4-5 所示，不作任何修改，直接单击"确定"按钮。

（3）自动返回"回转"对话框，单击"确定"按钮，即可完成旋钮盖主体的创建，如图 1-4-6 所示。

图 1-4-4　"回转"对话框

图 1-4-5　"点"对话框

图 1-4-6　旋钮盖主体

相关知识

图层——功能详解

图层操作可以使用户在不同图层上创建数据,可控制部件中对象的可见性和可选择性。图层为组织数据提供了显示管理的备选方法。图层把各种类型的数据分类管理,大大加快了查找、隐藏、显示的速度。图层操作分为:图层设置、图层在视图中可见、移动到图层、图层类别、复制到图层,如图 1-4-7 所示。

图层设置:

一个部件最多可包含 256 个不同的图层。一个图层可以包含部件中的所有对象,或者对象可分布在部件中的任意或所有图层上。图层上对象的数目只受部件中所允许的最大对象数目的限制。单击菜单栏中的"格式"→"图层设置"命令,弹出"图层设置"对话框,如图 1-4-8 所示。各参数含义如下。

图 1-4-7　图层操作

(1)"查找来自对象的图层":查找相关对象放置的图层数,单个对象的图层数是唯一的。

(2)"工作图层":创建的几何体、标示、尺寸等图层。工作图层是唯一的,可以是 1～256 其中的任意一个。设置方法是在工作图层文本框中输入图层数。

（3）"仅可见"：不隐藏某个图层，只可见，但不能被编辑。

（4）"显示前全部适合"：设置好图层之后，绘图区将以适合的窗口显示全部的对象。

（5）"类别显示"："图层"选项卡可以以类别的形式显示类别列表，如图 1-4-9 所示。

可见性或仅可见性操作：单击图层名称或"可见性"复选框，即可完成操作。

图 1-4-8　图层设置对话框

图 1-4-9　类别显示

图层类别：图层类别命令的作用是把多个图层分组管理，方便查找。例如 1～5（层）可以作为实体图层，21～24（层）可作为草图图层等。其中 NX 默认的类别有：曲线、基准平面等。一个类别可以是一个图层，也可以是多个图层。图层的一般创建步骤如下。

（1）单击菜单栏中的"格式"→"图层类别"命令，弹出"图层类别"对话框。

（2）输入类别名称，注意输入的是英文或数字，比如"FZX"。单击菜单栏中的"创建/编辑"命令，弹出"图层类别"对话框。单击所需要归类的图层，再单击"添加"按钮，操作步骤如图 1-4-10 所示。

（3）单击"确定"按钮，退出"图层类别"对话框。

如需要移除已添加的图层，可单击"移除"按钮。如需要重命名已添加的图层，可以单击"重命名"。

对象的隐藏与显示——功能详解

显示与隐藏操作和图层操作都是为达到可见性目的的操作，不同的是"图层"命令是以图层为单位来操作的，"显示与隐藏"命令是以几何体数据为单位来操作的。几何体数据对象可以是一个点，也可以是多个实体等。显示与隐藏操作包含：显示与隐藏、隐藏、显示、颠倒显示与隐藏等命令；"显示和隐藏"子菜单如图 1-4-11 所示。

当屏幕上有很多图形元素，如图 1-4-12 所示，显示了 3 个"固定基准平面"，但这些基准平面又可以删除时，可通过隐藏功能来将其隐藏。

图 1-4-10　图层类别

1-4-11　"显示和隐藏"子菜单

1-4-12　显示了 3 个"固定基准平面"

操作的具体步骤：

（1）在菜单栏选择"编辑"→"显示和隐藏"→"隐藏"，弹出"类选择"对话框，如图 1-4-13 所示。

（2）单击要隐藏的图素（3 个固定基准平面）。

（3）单击"确定"按钮，这时 3 个"固定基准平面"就隐藏了，如图 1-4-14 所示。

1-4-13 "类选择"对话框　　　　图 1-4-14　隐藏"固定基准平面"

显示和隐藏中各子菜单的详解：

（1）显示和隐藏：按下【Ctrl＋W】键，弹出"显示与隐藏"对话框，如图 1-4-15 所示，可以以几何体类型的形式显示与隐藏对象。单击某类型的显示符号 ✚，即可显示对象。单击某类型的隐藏符号 ▬，即可隐藏对象。

（2）立即隐藏：按下【Ctrl＋Shift＋I】键，选择需要隐藏的对象，则对象马上被隐藏，不需要单击"确定"，如图 1-4-16 所示。

1-4-15 "显示和隐藏"对话框　　　图 1-4-16 "立即隐藏"对话框

（3）隐藏：按下【Ctrl + B】键，单击要隐藏的对象，单击"确定"后对象被"隐藏"。

（4）颠倒显示与隐藏：按下【Ctrl + Shift + B】键，可将显示的对象与隐藏的对象交换。

（5）全部显示：按下【Ctrl + Shift + U】键，显示所有被隐藏的对象。

（6）显示：按下【Ctrl + Shift + K】快捷键，弹出"类选择"对话框。单击需要被显示的对象就可以显示已经隐藏的对象。

2. 创建 R9 的圆周凹圆弧

在主体上创建 R9 的圆周凹圆弧，完成后的三维模型如图 1-4-17 所示。

【步骤 1】绘制草图 2。

单击工具按钮🔲，选择"🔲 XC-YC平面"作为草图平面，按图 1-4-18 尺寸绘制草图 2。

图 1-4-17 圆周凹圆弧

图 1-4-18 草图 2

【步骤 2】拉伸

在菜单栏单击"插入"→"设计特征"→"拉伸"，或单击工具按钮🔲，弹出"拉伸"对话框，具体步骤如下。

（1）选择步骤 1 所绘制的草图曲线为拉伸截面。

（2）在"限制"面板中输入起始距离"0"，结束距离"30"。

（3）在"布尔"面板下拉列表中选择🔲 求差，单击"确定"按钮，即可完成 R9 圆周凹圆弧的创建，如图 1-4-19 所示。

3. 创建凹六角和 φ10 通孔

创建正六边形和通孔，完成后的三维模型如图 1-4-20 所示。

图 1-4-19　圆周凹圆弧

图 1-4-20　正六边形和 φ10 通孔

【步骤 1】绘制草图 3。

单击工具按钮🔧，选择 XC-YC 平面作为草图平面，按图 1-4-21 尺寸绘制草图 3。

【步骤 2】创建直径 φ10 的通孔。

在菜单栏选择"插入"→"设计特征"→"拉伸"，或单击工具按钮🔲，弹出"拉伸"对话框，具体步骤如下。

(1)选择步骤 1 所绘制的草图曲线为拉伸截面。

(2)在"限制"面板中输入起始距离"0"，结束为"贯通"。

(3)在"布尔"面板下拉列表中选择🔲求差，单击"确定"按钮，即可完成 φ10 通孔的创建，如图 1-4-22 所示。

图 1-4-21　草图 3

图 1-4-22　φ10 通孔的创建

【步骤 3】绘制草图 4。

单击工具按钮🔧，选择 XC-YC 平面作为草图平面，按图 1-4-23 尺寸绘制草图 4 即绘制内切圆直径为 φ14 的正六边形。

【步骤 4】创建正六边形凹型腔体。

在菜单栏选择"插入"→"设计特征"→"拉伸"，或单击工具按钮🔲，弹出"拉伸"对话框，具体步骤如下：

（1）选择步骤 4 所绘制的草图曲线为拉伸截面。

（2）在"限制"面板中输入起始距离"0"，结束距离"5"。

（3）在"布尔"面板下拉列表中选择 求差，单击"确定"按钮，即可完成正六边形腔体的创建，如图 1-4-24 所示。

图 1-4-23　草图 4

图 1-4-24　正六边形腔体

4. 倒圆角、抽壳

对三维模型倒圆角抽壳，完成后的主体如图 1-4-25 所示。

【步骤 1】倒圆角。

在菜单栏选择"插入"→"细节特征"→"倒圆角"，或单击工具按钮 ，弹出"边倒圆"对话框。

（1）"Radius"输入："3"；选择图 1-4-26 所示各边。

（2）单击"应用"→"取消"，即可完成边倒圆。

图 1-4-25　倒圆角与抽壳

图 1-4-26　边倒圆

【步骤 2】创建壳体。

在菜单栏选择"插入"→"偏置/缩放"→"抽壳"，或单击工具按钮 ，弹出"壳"对话框，如图 1-4-27 所示，具体操作如下：

（1）在"厚度"面板中输入壳厚度"1.5"。

（2）选择下底面为要移除的面，如图 1-4-28 所示。

（3）单击"确定"按钮，即可完成壳体的创建。最终完成的旋钮盖建模，如图 1-4-29 所示。

图 1-4-27 "壳"对话框

图 1-4-28 抽壳

图 1-4-29 完成后的旋钮盖

5. 设计外观造型

旋钮盖建模完成后，可通过"对象显示"命令修改几何体外观，操作步骤如下：

（1）在菜单栏选择"编辑"→"对象显示"，弹出"类选择"对话框，如图 1-4-30 所示。

（2）选取旋钮盖，单击"确定"按钮，弹出"编辑对象显示"对话框，如图 1-4-31 所示。

（3）单击"颜色"面板颜色块，弹出"颜色"对话框，如图 1-4-32 所示，在该对话框中选择"洋红"。

（4）单击"确定"按钮，即可完成外观造型的设计。

图 1-4-30 "类选择"对话框

图 1-4-31 "编辑对象显示"对话框

图 1-4-32 "颜色"对话框

相关知识

抽壳——功能详解

抽壳是指按指定厚度将一个实体变成一个薄壳体类零件,如图 1-4-33 所示。

(a) 选择顶面穿透

(b) 选择侧面穿透

图 1-4-33　抽壳

单击工具按钮,弹出"壳"对话框,如图 1-4-34 所示,对话框中各选项的功能介绍如下:

1. 类型

(1)移除面,然后抽壳:指定在执行抽壳操作之前移除要抽壳的某些面。

(2)抽壳所有面:对选择的实体进行抽壳。操作时只需选择需要抽壳的实体即可,抽壳后的实体内部被挖空。

2. 厚度

(1)厚度:在"厚度"面板中输入需要抽壳的厚度值。

(2)反向:单击该按钮,可以切换抽壳的方向,使抽壳后的实体在原有实体的外表面向外补出材料。

(3)备选厚度当用户在抽壳操作中需要设置不同抽壳壁厚时,可以单击"选择面"面板按钮,然后选择需要设置不同厚度的曲面即可。

图 1-4-34 "壳"对话框

知识拓展

本项目建模主要采用"组合体"和"切割体"的方法来进行,即通过"求差"或"求和"来进行建模;建模时,选择构图平面非常关键,可通过转动图形来观察,确保选择正确的构图平面。

本项目旋钮盖的建模还可以由片体(曲面)加厚与修剪体的方式来进行。使用"加厚"命令可以将一个或多个相互连接的面或片体加厚为一个实体,如图 1-4-35 所示。

图 1-4-35 片体加厚

扫掠的一般创建步骤如下:

(1)在菜单栏选择"插入"→"偏置/缩放"→"加厚",或单击工具按钮 弹出"加厚"对话框,如图 1-4-36 所示。

(2)在厚度面板输入偏置值。

（3）单击"选择面"面板按钮，选择需要加厚的片体。

（4）单击"确定"按钮。

图 1-4-36　"加厚"对话框

拓展练习

1. 运用"拉伸"特征、"抽壳"、"倒角"等命令进行建模，具体尺寸如图 1-4-37 所示。

图　1-4-37

2. 运用"旋转"特征与"拉伸"特征、"抽壳"、"倒角"等命令进行建模,具体尺寸如图 1-4-38 所示。

图　1-4-38

3. 运用"旋转"特征与"拉伸"特征、"抽壳"、"倒角"等命令进行实体建模,具体尺寸如图 1-4-39 所示。

图　1-4-39

4.运用"旋转"特征与"拉伸"特征、"抽壳"、"倒角"等功能进行实体建模,具体尺寸如图 1-4-40 所示。

技术要求
1.未注公差按±0.07;
2.顶部倒C0.5;
3.抽壳厚度为0.1。

图　1-4-40

项目五　箱体叉架类零件——台虎钳钳座建模

学习目标

(1)能够熟练运用草图工具绘制截面。

(2)能够运用"长方体"、"垫块"特征工具建模,熟练使用布尔运算进行实体组合。

(3)能够熟练运用"孔"特征工具创建沉头孔,初步掌握"腔体"特征工具的运用。

(4)能够熟练掌握"螺纹","边倒圆"等细节特征工具的运用。

(5)初步认识镜像特征操作。

工作任务

创建箱体叉架类零件——台虎钳钳座,如图 1-5-1 所示。

技术要求
未注圆角R3-R5。

图 1-5-1 台虎钳钳座

项目分析:台虎钳钳座由主体腔体、耳座、孔、螺纹及沟槽组成,因此创建此台虎钳钳座可分五步:①创建主体;②创建腔体;③创建耳座;④创建孔、螺纹;⑤创建沟槽。

项目分解:

名称	内容	采用的工具和命令	创建流程	其他工具和命令
1	创建主体	长方体,垫块		草图,拉伸
2	创建腔体	草图,拉伸,布尔运算(求差),腔体		草图,拉伸,求差
3	创建耳座	草图,拉伸,镜像体,孔布尔运算(求和)		
4	创建孔、螺纹	孔,螺纹,镜像特征		
5	创建沟槽	草图,拉伸,求差		

项目实施

1. 创建主体

创建由长方体和两个凸垫构成的主体,如图 1-5-2 所示。

【步骤 1】启动 NX。

新建一个名称为"qianzuo"的部件文件,选择保存文件路径,进入建模模块。

【步骤 2】创建长方体。

在菜单栏选择"插入"→"设计特征"→"长方体",如图 1-5-3 所示,弹出"长方体"对话框,如图 1-5-4 所示,具体操作如下。

图 1-5-2 底座

图 1-5-3 "插入"菜单

图 1-5-4 "长方体"对话框

(1)在"尺寸"面板中分别输入长度(XC):"74",宽度(YC):"152",高度(ZC):"34"。

(2)单击"原点"面板按钮,弹出"点"对话框,如图 1-5-5 所示,在坐标面板中分别输入长度(XC):"−74/2",宽度(YC):"−152/2",高度(ZC):"0";

(3)单击"确定"按钮,系统自动返回"长方体"对话框,再次单击"确定"按钮,即可完成长方体的创建,如图 1-5-6 所示。

【步骤 3】创建垫块 1。

在菜单栏选择"插入"→"设计特征"→"垫块",或单击工具按钮,弹出"垫块"对话框,如图 1-5-7 所示,具体步骤如下:

图 1-5-5 "点"对话框

图 1-5-6 长方体建模

（1）单击 ［矩形］ 按钮。

（2）弹出"矩形垫块"对话框 1，如图 1-5-8 所示，选择步骤 2 创建的长方体的上表面作为放置面。

图 1-5-7 "垫块"对话框

图 1-5-8 "矩形垫块"对话框 1

（3）弹出"水平参考"对话框，如图 1-5-9 所示，单击 ［基准轴］ 按钮。

（4）弹出"选择对象"对话框，如图 1-5-10 所示，选择"XC 轴"为基准轴。

（5）弹出"矩形垫块"对话框 2，如图 1-5-11 所示，输入长度"74"，宽度"20 + 8"，高度"6"，单击"确定"按钮。

（6）弹出"定位"对话框，如图 1-5-12 所示，单击"线到线"按钮 工，先选择目标边 1，再选择工具边 1，如图 1-5-13 所示。

（7）系统自动返回"定位"对话框，再次单击"线到线"按钮 工，先选择目标边 2，再选择工具边 2，如图 1-5-13 所示。

（8）单击 ［取消］，即可完成垫块 1 的建模，如图 1-5-14 所示。

图 1-5-9　"水平参考"对话框

图 1-5-10　"选择对象"对话框

图 1-5-11　"矩形垫块"对话框 2

图 1-5-12　"定位"对话框

图 1-5-13　目标边与工具边

图 1-5-14　垫块 1 建模

【步骤 4】创建垫块 2。

重复步骤 3，创建垫块 2，其中放置面为垫块 1 上表面，水平参考为"XC 轴"，"垫块参数"

中输入长度"74",宽度"20",高度"22"。创建的垫块如图 1-5-15 所示。

图 1-5-15   垫块 2 建模

相关知识

长方体——功能详解

长方体主要用于创建长方体形式的实体特征,其各边的边长通过给定参数来确定。

在长方体对话框中,系统提供了三种长方体创建方式:原点、边长;两个点、高度;两个对角点。在菜单栏中选择一种长方体创建方式后,对话框下部的可变显示区域中就会出现相应的长方体设置选项,其中的主要选项说明如下:

(1) 原点、边长:在对话框中输入长方体在 XC,YC,ZC 方向的长度后,再通过确定长方体的左下角点在空间的位置来创建长方体。

(2) 两个点、高度:在对话框中输入长方体在 ZC 轴上的高度,再通过指定其在底面上的两个对角点的位置来创建长方体。

(3) 两个对角点:通过指定长方体两个对角点的位置来创建长方体。两个对角点连线分别为 XC、YC 和 ZC 的投影,确定了长方体的长度、宽度和高度,从而确定了长方体的坐标。

垫块——功能详解

使用垫块可以在一个已存在的实体上建立矩形或常规垫块。如图 1-5-16 所示 NX 系统提供 2 种类型的垫块:矩形垫块和常规垫块,下面分别进行介绍。

1) 矩形垫块

矩形垫块创建的步骤如下。

单击"腔体" ,弹出"垫块"对话框,单击 矩形 按钮;弹出"矩形垫块"对话框,选择垫块的放置面,弹出"水平参考"对话框,选择水平参考。水平参考可以是实体的边、面或基准轴等对象。制订参考方向后,系统会出现一个箭头,即水平参考方向,同时也是矩形腔体的长度方向。

弹出"矩形垫块"对话框,如图 1-5-17 所示。输入腔体参数,长度、宽度、高度、拐角半径和锥角等,单击"确定"按钮。

弹出"定位"对话框,确定放置位置后,单击"确定"按钮。

图 1-5-16　矩形垫块

图 1-5-17　"矩形垫块"对话框

2)常规垫块

常规垫块在形状和控制方面具有更强的灵活性,创建方法与常规类型腔体的操作方法相似,详见本项目 2 中的相关知识——腔体。

2. 创建腔体

创建钳座的腔体包括:上表面贯穿的工字形腔体及下表面矩形腔体,上表面工字形腔体可通过绘草图拉伸获得,下表面腔体可直接采用腔体命令得到,如图 1-5-18 所示。

图 1-5-18　创建腔体

【步骤 1】绘工字形草图。

单击工具按钮🔛,选择 *XC-YC* 平面作为草图平面,按图 1-5-19 尺寸绘工字形草图。

【步骤 2】创建工字形腔体。

在菜单栏选择"插入"→"设计特征"→"拉伸",或单击工具按钮▥,弹出"拉伸"对话框,具体操作如下:

(1)选择工字形草图曲线为拉伸截面。

（2）在"限制"面板中输入起始距离"0"，结束距离"34"；

（3）在"布尔"面板下拉列表中选择 求差 ，单击"确定"按钮，即可完成工字形腔体的创建，如图 1-5-20 所示。

图 1-5-19　工字形草图

图 1-5-20　"工字形腔体"创建

【步骤3】创建矩形腔体。

在菜单栏选择"插入"→"设计特征"→"腔体"，或单击工具按钮 ，弹出"腔体"对话框1，如图 1-5-21 所示，具体操作如下：

（1）单击 矩形 按钮。

（2）弹出"矩形腔体"对话框，如图 1-5-22 所示，选择钳座下表面为放置面。

（3）弹出"水平参考"对话框，如图 1-5-23 所示，单击 基准轴 按钮。

（4）弹出"选择对象"对话框，如图 1-5-24 所示，选择"XC 轴"为基准轴。

图 1-5-21　"腔体"对话框 1

图 1-5-22　"矩形腔体"对话框

（5）弹出"矩形腔体"对话框 2，如图 1-5-25 所示，输入长度"46"，宽度"92"，高度"10"，单击"确定"按钮。

（6）弹出"定位"对话框，如图 1-5-26 所示，单击"线到线"按钮 ，先选择目标边 1（YC轴），再选择工具边 1（YC 轴向的绿色虚线），如图 1-5-27 所示。

（7）系统自动返回"定位"对话框，单击"线到线"按钮 ，先选择工字槽左侧槽拐角处竖棱边为目标边 2，再选择矩形腔体左侧棱边为工具边 2，如图 1-5-27 所示。

图 1-5-23　"水平参考"对话框

图 1-5-24　"选择对象"对话框

（8）单击　取消　，即可完成矩形腔体的创建，如图 1-5-28 所示。

图 1-5-25　"矩形腔体"对话框 2

图 1-5-26　"定位"对话框

图 1-5-27　定位边

图 1-5-28　矩形腔体

3. 创建耳座

该阶段主要包含了耳座及加强筋的创建。其中一边的耳座及加强筋可通过草图拉伸获得，另外一边的耳座及加强筋可通过镜像体获得，如图 1-5-29 所示。

【**步骤 1**】绘耳座草图。

单击工具按钮![icon]，选择 *XC-YC* 平面作为草图平面，按图 1-5-30 所示尺寸绘耳座草图。

图 1-5-29　加强筋及耳座

图 1-5-30　耳座草图

【**步骤 2**】拉伸耳座。

在菜单栏选择"插入"→"设计特征"→"拉伸"，或单击工具按钮![icon]，弹出"拉伸"对话框，具体操作如下：

（1）选择耳座草图曲线为拉伸截面。

（2）在"限制"面板中输入起始距离"0"，结束距离"15"。

（3）在"布尔"面板下拉列表中选择![icon]无　，单击"确定"按钮，即可完成耳座的创建，如图 1-5-31 所示。

【**步骤 3**】绘制加强筋草图。

单击工具按钮![icon]，选钳座前表面 *C* 平面作为草图平面，按图 1-5-32 尺寸绘制加强筋草图。

图 1-5-31　"耳座"创建

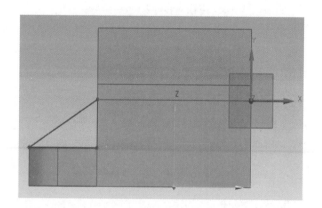

图 1-5-32　加强筋草图

【**步骤 4**】拉伸加强筋。

在菜单栏选择"插入"→"设计特征"→"拉伸",或单击工具按钮 ,弹出"拉伸"对话框,具体操作如下:

(1)选择加强筋曲线为拉伸截面。

(2)在"限制"面板中输入起始距离"61",结束距离"61 + 12"。

(3)在"布尔"面板下拉列表中选择 无,单击"确定"按钮,即可完成加强筋的创建,如图1-5-33所示。

图1-5-33　"加强筋"创建

【步骤5】　镜像耳座及加强筋。

在菜单栏选择"插入"→"关联复制"→"镜像体",弹出"镜像体"对话框,如图1-5-34所示,具体操作如下:

(1)在绘图区直接选取耳座及加强筋作为要镜像的体。

(2)单击 按钮,在绘图区选择 *YC-ZC* 平面为镜像平面,单击"确定"按钮,即可完成耳座的及加强筋的镜像,如图1-5-35所示。

(3)单击 按钮,将主体、耳座及加强筋求和。

图1-5-34　"镜像体"对话框

图1-5-35　加强筋及耳座镜像

【步骤6】创建倒角。

在菜单栏选择"插入"→"细节特征"→"边倒圆",或单击工具按钮 ,弹出"边倒圆"对话框,具体操作如下:

(1)选择工字形腔体8条竖直边。

(2)输入圆角半径"3"。

(3)单击 应用 → 取消 ,即可完成工字形腔体的倒圆,如图1-5-36所示。

(4)按零件图选择钳座轮廓的锐边。

(5)输入圆角半径"5"。

（6）单击 应用 → 取消 ，即可完成钳座边倒圆，如图 1-5-37 所示。

图 1-5-36　边倒圆工字型腔体　　　　　　　图 1-5-37　边倒圆钳座轮廓锐边

相关知识

腔体——功能详解

腔体特征是从实体模型中按一定形状切除对象的某一部分。腔体的创建方法和垫块基本一致，但功能相反，腔体是去除材料，而垫块则是增加材料。NX 系统提供 3 种类型的腔体：圆柱形、矩形和常规，下面分别进行介绍。

1. 圆柱形腔体

该类型的腔体与孔特征类似，都是从实体上去除一个圆柱体，如图 1-5-38 所示。但是，圆柱形腔体能够更好地控制底面半径的参数，可以生成底面呈半球面的圆柱形腔体。而且不需要指定贯穿平面。

(a)　　　　　　　　　　　(b)

图 1-5-38　圆柱形腔体

圆柱形腔体创建的步骤如下：

（1）单击 ▣ 按钮，弹出"腔体"对话框，如图 1-5-39 所示，单击 柱坐标系 按钮。

（2）弹出"圆柱形腔体"对话框，如图 1-5-40 所示，选择腔体放置的平面。

图 1-5-39　"腔体"对话框

图 1-5-40　"圆柱形腔体"对话框

（3）弹出参数对话框,如图 1-5-41 所示。输入腔体直径,深度,底面半径,锥角等的数值。单击"确定"按钮。

（4）弹出"定位"对话框,如图 1-5-42 所示,确定放置的位置后,单击"确定"按钮。

图 1-5-41　"圆柱形腔体"对话框

图 1-5-42　"定位"对话框

注意事项:输入腔体参数时,底面半径值必须在 0 和设定的深度值之间。锥角用于设置圆柱形腔体的拔模角度,拔模角度值不能为负值。

2. 矩形腔体

该类型的腔体是从实体上去除一个矩形方块。矩形的尺寸参数由长度、宽度、深度、拐角半径、底面半径和拔模角组成。其中,拐角半径是指矩形腔体四周棱边的倒圆角半径,底面半径与圆形腔体底面半径含义相同。

矩形腔体创建的步骤详见本项目实施 2 中的步骤 4。具体各对话框说明如下:

（1）"水平参考"对话框,用于选择水平参考。水平参考可以是实体的边、面或基准轴等对象。指定参考方向后,系统会出现一个箭头,如图 1-5-43 所示,即矩形腔体的长度方向。

（2）"矩形腔体"对话框,如图 1-5-44 所示。可在该对话框中按实际建模需要输入长度、宽度、深度、拐角半径、底面半径和锥角等。注意:如果需要输入拐角半径和底面半径,那么拐角半径必须大于底面半径,如图 1-5-45 所示。

图 1-5-43　水平参考

图 1-5-44　"矩形腔体"对话框

3. 一般腔体

一般腔体是指特殊形状的腔体,要创建腔体,就必须先创建腔体的轮廓草图。单击 **常规** 按钮,弹出"常规腔体"对话框,如图 1-5-46 所示。对话框中主要面板选项说明如下。

图 1-5-45　拐角半径与底面半径

图 1-5-46　"常规腔体"对话框

"选择步骤"面板。

放置面:用于选择一般腔体的放置面。放置面可以是实体的任何一个表面,该面是即将创建的腔体顶面。

放置面轮廓:用于定义在放置面上的顶面轮廓。可以直接从模型中选择曲线或边缘来定义放置面轮廓,也可用转换底面轮廓线的方式来定义放置面轮廓。

⬚ 底面:用来定义一般腔体的底面。

⬚ 底面轮廓线:用来定义一般腔体的底面轮廓线,可以直接从模型中选择曲线或边缘来定义底面轮廓曲线,也可用转换放置面轮廓线来定义底面轮廓曲线。

⬚ 目标体:用于选择目标体,即一般腔体将在所选择的实体上创建。当目标体不是放置面所在的实体或片体时,应该单击该按钮以制订放置一般腔体的目标体。当定义面时,如果选择的第一个面为基准平面,则必须制定目标体。

①放置面半径:用于定义腔体侧面与放置面的倒圆角半径。也可以利用其下拉列表中的选项:常规控制或规则控制来决定腔体的底面半径,其值必须大于或等于0。

②底面半径:用于定义腔体侧面与底面的倒圆角半径。也可以利用其下拉列表中的选项:常规控制或规则控制来决定腔体的底面半径,其值必须大于或等于0。

③拐角半径:用于定义腔体侧面顶点的倒圆角半径。

④☑附着腔体:选中该复选项,若目标体是片体,则创建的一般腔体为片体,并与目标体自动缝合;若目标体是实体,则创建的一般腔体为实体,并从实体中删除一般腔体。取消该复选项,则创建的一般腔体为一个独立实体。

4. 创建孔、螺纹

创建的孔包括:耳座上的沉头孔,钳座前后两个沉头孔,垫块2前表面的螺纹底孔。螺纹在垫块2的螺纹底孔上创建。孔和螺纹的创建可以通过"孔"特征和"螺纹"特征实现,如图1-5-47所示。

【步骤1】创建耳座沉头孔。

在菜单栏选择"插入"→"设计特征"→"孔",或单击工具按钮⬚,弹出"孔"对话框,具体操作如下:

(1)在"类型"面板下拉列表中选择⬚常规孔。

(2)在"成型"面板下拉列表中选择⬚沉头孔。

(3)输入孔尺寸:"尺寸"面板输入沉头孔直径"26",沉头孔深度"2",孔径"11",单击"深度限制"下拉按钮,选择"贯通体";

(4)分别选择耳座上表面 $R5$ 的圆弧圆心为孔中心指定点,单击"确定"按钮,即可完成耳座沉头孔创建,如图1-5-48所示。

【步骤2】创建钳座前面沉头孔。

(1)重复步骤1,根据零件图输入沉头孔直径"25",沉头孔深度"2",孔径"12",单击"深度限制"下拉按钮,选择"贯通体"。

(2)单击"位置"面板按钮⬚,绘制孔心草图,孔心指定点如图1-5-49所示。

(3)单击"确定"按钮,即可完成钳座前面沉头孔的创建,如图1-5-50所示。

图 1-5-47   孔及螺纹

图 1-5-48   耳座沉头孔创建

图 1-5-49   孔心指定点草图 1

图 1-5-50   钳座前面沉头孔

【步骤 3】创建钳座后面沉头孔。

重复上述步骤 2，根据零件图输入沉头孔直径"30"，沉头孔深度"2"，孔径"18"，深度"28"；孔心指定如图 1-5-51 所示，即捕捉通孔圆心为孔心；从而完成钳座后面沉头孔的创建，如图 1-5-52 所示。

图 1-5-51   孔心指定点草图 2

图 1-5-52   钳座后面沉头孔

【步骤 4】创建垫块 2 上的螺纹底孔。

（1）单击工具按钮 ，弹出"孔"对话框。

（2）在"成型"面板下拉列表中选择 简单。

（3）在"尺寸"面板输入直径"9"，深度"15"，顶锥角"118"。

（4）单击"位置"面板按钮 ，绘孔心草图，如图 1-5-53 所示。

（5）单击"确定"按钮，即可完成螺纹底孔的创建，如图 1-5-54 所示。

图 1-5-53　孔心指定点草图 3

图 1-5-54　垫块 2 螺纹底孔

【步骤5】创建底孔斜角。

在菜单栏选择"插入"→"细节特征"→"倒斜角"，或单击工具按钮 ，弹出"倒斜角"对话框，具体操作如下。

（1）斜角距离"1"。

（2）选择底孔边为需要倒斜角的边，单击"确定"按钮，即可完成螺纹的创建，如图 1-5-55 所示。

【步骤6】创建螺纹。

在菜单栏选择"插入"→"设计特征"→"螺纹"，或单击工具按钮 ，弹出"螺纹"对话框，具体操作如下。

（1）选择步骤 4 创建的螺纹底孔，孔表面为起始平面，如图 1-5-56 所示，单击"确定"按钮。

（2）系统自动返回"螺纹"对话框。勾选对话框中 手工输入 选项，输入大径"10"，长度"15"，即可完成螺纹的创建，如图 1-5-57 所示。

（3）单击"确定"按钮，即可完成螺纹创建，如图 1-5-58 所示。

图 1-5-55　底孔倒斜角

图 1-5-56　选择螺纹底孔

图 1-5-57　螺纹"对话框"

图 1-5-58　螺纹创建

【步骤 7】镜像螺纹。

在菜单栏选择"插入"→"关联复制"→"镜像特征",弹出"镜像特征"对话框,如图 1-5-59 所示,具体操作如下。

(1)选择步骤 4 至步骤 6 创建的螺纹底孔、斜角及螺纹这三个特征为镜像对象。

(2)单击"镜像平面"面板按钮 □ ,选择"YC-ZC 平面"为镜像平面。

(3)单击"确定"按钮,即可完成孔及螺纹的镜像,如图 1-5-60 所示。

图 1-5-59　螺纹创建

图 1-5-60　螺纹及孔镜像

相关知识

镜像特征——功能详解

镜像特征：可以通过选定平面或基准平面来镜像选定的特征，从而创建对称的实体模型，如图 1-5-61 所示。

图 1-5-61　镜像特征

镜像特征的一般创建步骤如下：

（1）单击工具按钮 ，弹出"镜像特征"对话框，如图 1-5-62 所示。

（2）在"相关特征"面板列表框中选择需要镜像的特征，（同时按【Shift】键，可同时选择多个特征），也可直接在模型中直接选择需要镜像的特征。

（3）单击按钮 ，选择镜像平面。（镜像平面可以是现有的平面，也可以是定义的新平面）。

（4）单击 应用 → 取消 。

对话框中各选项的功能介绍如下：

1."特征"面板

（1）"选择特征"按钮：单击该按钮，可以选择已有的特征来镜像。

（2）添加相关特征，勾选该复选框后，包括所选特征的相关特征将一起被镜像。

（3）添加体中的全部特征，勾选该复选框后，包括所选特征原体上的所有特征将一起被镜像。

图 1-5-62　"镜像特征"对话框

2."镜像平面"面板

（1）现有平面 ：允许选择现有的平面。

（2）新平面：允许定义新平面。

镜像体——功能详解

镜像体：可以用基准平面镜像整个部件，如图 1-5-63 所示。

图 1-5-63　镜像体

"镜像体"对话框如图 1-5-64 所示，对话框中各选项的功能介绍如下。

图 1-5-64　"镜像体"对话框

（1）体：选择部件中要镜像的体。

（2）镜像平面：选择要镜像体的基准平面。

（3）固定于当前时间戳记：勾选此复选框时，镜像体就会在历史记录中具有固定位置，在时间戳记后对原体进行的更改不会反映在镜像体中。取消勾选此复选框时，镜像体会在历史记录中更改位置，所以对原体进行的更改会反映在镜像体中。

5. 创建沟槽

沟槽可通过绘制沟槽截面草图，拉伸后再求差创建，如图 1-5-65 所示。

【步骤 1】绘沟槽截面草图。

单击工具按钮，选择"YC-ZC 平面"作为草图平面，按图 1-5-66 所示尺寸绘草图。

【步骤 2】拉伸草图。

（1）单击工具按钮，弹出"拉伸"对话框。

（2）选择步骤 1 绘制的草图作为拉伸截面对象。

（3）在"限制"面板中输入起始距离"74/2"，结束距离"－74/2"。

（4）在"布尔"面板下拉列表中选择 ⬚ 求差，单击"确定"按钮，即完成沟槽的创建，如图 1-5-67 所示。

图 1-5-65 沟槽创建

图 1-5-66 沟槽截面草图

图 1-5-67 沟槽创建

拓展练习

（1）用"拉伸"、"布尔运算"、"边倒圆"等特征工具完成图 1-5-68 所示图形的实体建模。

图 1-5-68

2. 用回转、布尔运算等特征工具完成图 1-5-69 所示图形实体建模。

图　1-5-69

3. 用拉伸、布尔运算等特征工具完成图 1-5-70 实体建模。

图　1-5-70

4. 采用适当的特征工具完成图 1-5-71 所示图形的实体建模。

图　1-5-71

项目六　箱体叉架类零件——阀管零件建模

学习目标

（1）学会运用沿引导线扫掠和管道操作。

（2）学会根据设计的需要创建基准平面和定位点。

（3）能够熟练运用拉伸和草绘工具进行三维建模。

（4）能够运用实例特征环形阵列工具进行孔阵列操作。

（5）熟练运用修剪体特征操作。

工作任务

本项目创建箱体叉架类零件——阀管,如图 1-6-1 所示。

图 1-6-1　阀管

项目分析:阀管由底座和不同方向的管道构成,底座上有沉头孔,因此,创建此传动轴可分四步:①创建底座;②创建主管道;③创建分管道;④创建沉头孔。

项目分解:

名称	内容	采用的工具和命令	创建流程	其他工具和命令
1	创建底座	草图,拉伸		
2	创建主管道	建立基准平面,草图,布尔运算求和,沿引导线扫掠,修剪体		管道
3	创建分管道	建立基准平面,草图,投影,点,管道,拉伸,布尔运算求差		沿引导线扫掠

续表

名称	内容	采用的工具和命令	创建流程	其他工具和命令
4	创建沉头孔	孔,实例(环形阵列)	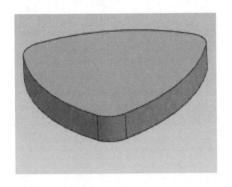	

项目实施

1. 创建底座

创建底座,如图 1-6-2 所示。

【步骤 1】启动 NX,新建一个名称为"faguan"的部件文件,选择保存文件路径,进入建模模块。

【步骤 2】绘底座草图。

单击工具按钮图,选择 *XC-YC* 平面作为草图平面,按图 1-6-3 所示尺寸绘制草图。

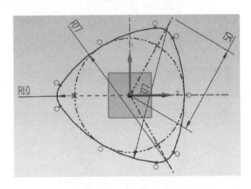

图 1-6-2　底座　　　　　　　　　　图 1-6-3　底座草图

【步骤 3】底座建模——拉伸。

在菜单栏选择"插入"→"设计特征"→"拉伸",或单击工具按钮，弹出"拉伸"对话框,具体操作如下:

(1)单击"过滤器"在下拉列表中选择**相连曲线**,如图 1-6-4 所示。

图 1-6-4　过滤器下拉列表

(2)选择步骤 2 所绘制的草图作为拉伸截面对象。

(3)在"限制"面板中输入起始距离"0",结束距离"8"。

(4)单击 应用 ,即可完成底座的拉伸,如图 1-6-2 所示。

2. 创建主管道

在已创建的底座上创建一个外径 φ40,内径 φ35,与底座平面成 75°的管道,完成后的主管道如图 1-6-5 所示。

【步骤 1】创建一个与 *XC-YC* 平面成 75°的基准平面 1。

在菜单栏选择"插入"→"基准/点"→"基准平面",或单击工具按钮 □ ,弹出"基准平面"对话框 1,具体操作如下。

(1)在"类型"下拉列表中选择" 成一角度",如图 1-6-6 所示。

(2)弹出"基准平面"对话框 2,如图 1-6-7 所示,单击"平面参考"面板工具按钮⊕,选择 *XC-YC* 平面。

(3)单击"通过轴"面板工具按钮⊕,选择 *YC* 轴。

(4)在"角度选项"下拉列表中选择"值","角度"值输入"-15",如图 1-6-7 所示。

(5)单击 [应用] → [取消],即可完成基准平面 1 的创建,如图 1-6-8 所示。

图 1-6-5　创建主管道

图 1-6-6　基准平面对话框 1

图 1-6-7　"基准平面"对话框 2

图 1-6-8　基准平面 1 的创建

【步骤 2】绘制引导线草图。

单击工具按钮 ,选择 *XC-ZC* 平面为草图平面,按图 1-6-8 所示尺寸绘引导线草图。

【步骤 3】绘制截面线草图。

单击工具按钮，选择步骤 1 所创建的基准平面 1 作为草图平面，按图 1-6-10 所示尺寸绘截面线草图，直径为 φ40 的圆（注意：绘草图时，将视图渲染方式选择为 静态线框(W) ）。

图 1-6-9　引导线草图

图 1-6-10　截面线草图

【步骤 4】主管道建模——沿引导线扫掠。

在菜单栏选择"插入"→"扫掠"→"沿引导线扫掠"，弹出"沿引导线扫掠"对话框，如图 1-6-11 所示，具体操作如下。

（1）单击"截面"面板按钮，选择截面线，如图 1-6-12 所示。

（2）单击"引导线"面板按钮，选择引导线，如图 1-6-12 所示。

（3）在"偏置"面板输入第一偏置"2.5"，第二偏置"0"。

（4）单击 应用 → 取消 ，即可完成沿引导线扫掠。

（5）选单击工具按钮 ，在下拉列表中选择 带边着色(A)，扫掠后的管道实体如图 1-6-13（a）所示。

图 1-6-11　"沿引导线扫掠"对话框

图 1-6-12　引导线和截面线

(a)

(b)

图 1-6-13　扫掠后的管道实体

【步骤 5】底座和主管道合并成整体——求和。

（1）在菜单选择"插入"→"组合"→"求和"，或单击工具按钮 [图]，选择底座为目标体，选择管道为工具体；

（2）单击 [应用]→[确定]，求和完毕。

【步骤 6】修剪多余管道。

由图 1-6-13（b）可知，扫掠后的管道有部分伸出基座底部，必须修剪掉。

在菜单选择"插入"→"修剪"→"修剪体"，或单击工具按钮 [图]，弹出"修剪体"对话框，如图 1-6-14 所示，具体操作如下。

（1）单击"目标"面板按钮 [图]，选择步骤 5 求和后的实体。

（2）在"刀具选项"下拉列表中选择"新平面"。

图 1-6-14　"修剪体"对话框

（3）单击"刀具"面板按钮 [图]，选择底座底面作为刀具面，距离为"0"，如图 1-6-15 所示。

（4）单击 [应用]→[取消]，即可完成修剪，如图 1-6-16 所示。

图 1-6-15　刀具面

图 1-6-16　修剪后的实体

相关知识

沿引导线扫掠——功能详解

通过一引导线串扫掠一开口或封闭边界草图、曲线、边缘或表面建立一个实体或片体。移动的线称为截面线串,其路径称为引导线串。截面线串和引导线串可以是任何类型的曲线,扫掠的方向是引导线的切线方向,扫掠的距离是引导线的长度。

扫掠的一般创建步骤如下:

(1)选择截面线串。选择图 1-6-17 所示截面线串。

(2)选择引导线串。单击"选择曲线"按钮,选择图 1-6-17 所示引导线串。单击"确定"按钮。也可以按图 1-6-18 所示输入偏置数值,扫掠结果如图 1-6-19 所示。

图 1-6-17　沿引导线扫掠

图 1-6-18　偏置设置

图 1-6-19　偏置设置后的实体

注意事项:引导线必须是光顺的、切向连续的,否则无法创建扫掠特征。

修剪体——功能详解

通过"修剪体"命令可以使用一个面或者基准平面修剪一个或者多个目标体。选择要保留的体的一部分,并且被修剪的体具有修剪体的几何形状。

(1)法矢的方向:确定保留目标体的哪一部分。箭头指向远离保留的体的部分,如图 1-6-20 所示。

图 1-6-20　矢量指向远离保留体

(2)在执行"修剪体"命令后,弹出如图 1-6-21 所示对话框,对话框中各面板含义具体如下:

图 1-6-21　"修剪体"对话框

①"目标":用于选择被裁剪的对象。

②"刀具":用于选择裁剪的工具。刀具可以是现有的实体面或者基准平面,也可以新建一个平面作这刀具。

③"反向":单击 按钮,可以改变裁剪的方向。

注意事项:当使用面修剪实体时,面必须足以完全切过体。

3. 创建分管道

在完成的主管道上创建两个分管道,具体尺寸如图 1-6-1 所示,完成后的分管道如图 1-6-22 所示。

【步骤 1】创建一个与 XC-YC 平面平行,距离为"22"的基准平面 2。

在菜单栏选择"插入"→"基准/点"→"基准平面",或单击工具按钮 ,弹出"基准平面"对话框 1,如图 1-6-23 所示,具体操作如下。

（1）在"类型"面板下拉列表中选择 按某一距离；

（2）弹出"基准平面"对话框 2，如图 1-6-24 所示。

（3）单击"选择平面对象"工具按钮 ，选择 XC-YC 平面作为参考平面。

（4）在"偏置"面板中输入距离"22"。

（5）单击 应用 → 取消 ，即可完成基准平面 2 的创建，如图 1-6-25 所示。

图 1-6-22　创建分管道

图 1-6-23　基准平面对话框 1

图 1-6-24　基准平面对话框 2

图 1-6-25　基准平面 2

【步骤 2】创建两个分管道轴线交点。

在菜单栏选择"插入"→"来自曲线集的曲线"→"投影"，弹出"投影曲线"对话框，如图 1-6-26 所示，具体操作如下。

（1）选择要投影的直线：单击"要投影的曲线或点"面板工具按钮 ，选图 1-6-27 所示的直线作为要投影的直线。

（2）选择要投影的面：单击"要投影的对象"面板"选择对象"按钮 ，再单击"指定平面"，选择图 1-6-27 所示的主管道的外表面作为要投影的面。

（3）单击 应用 → 取消 ，即可完成直线的投影，如图 1-6-28 所示。

（4）单击"插入"→"基准/点"→"点"，弹出"点"对话框 1，如图 1-6-29 所示。

（5）在"类型"面板下拉列表中选择 "交点"，弹出"点"对话框 2，如图 1-6-30 所示。

图 1-6-26 "投影曲线"对话框

图 1-6-27 投影的直线和面

图 1-6-28 投影得到的直线

图 1-6-29 "点"对话框 1

（6）单击"曲线、曲面或平面"面板工具按钮 ，选择步骤 1 所创建的基准平面 2。

（7）单击"要相交的曲线"面板工具按钮 $\int$，选择本步骤（3）中投影得到的直线。

（8）单击 应用 → 取消 ，即可得到的直线与平面交点，如图 1-6-31 所示。

图 1-6-30　"点"对话框 2

图 1-6-31　直线与平面交点

【步骤 3】创建两个分管道引导线 1，2。

单击工具按钮 ，选择基准平面 2（步骤 1 中创建）作为草图平面，捕捉步骤 2 创建的交点为两引导线 1、2 的交点，按图 1-6-32 尺寸绘引导线 1，2 的草图（注意将引导线 1 反向延长至穿透主管道）。

【步骤 4】创建分管道 1。

单击"插入"→"扫掠"→"管道"，弹出"管道"对话框，如图 1-6-33 所示，具体操作如下。

（1）单击"路径"面板工具按钮 ，选择步骤 3 所绘制的引导线 1。

图 1-6-32　引导线 1，2 草图

（2）在"横截面"面板输入外径"18"，内径"15"。

（3）单击 应用 → 取消 ，即可完成分管道 1 的扫掠，如图 1-6-34 所示。

【步骤 5】创建分管道 2。

重复步骤 4，选择引导线 2，在"横截面"面板输入外径"12"，内径"9"，即可完成分管道 2 的扫掠，如图 1-6-34 所示。

图 1-6-33　"管道"对话框

图 1-6-34　分管道图

【步骤6】将分管道和主管道合并成整体——求和。

(1)在菜单栏选择"插入"→"组合"→"求和",或单击工具按钮，选择底座为目标体,选择分管道 1 和分管道 2 为工具体;

(2)单击 应用 → 确定 ,求和完毕。

【步骤7】去除多余管道——拉伸。

　　求和后的实体还存在多余管道,必须去除;主管道和基座尚未连通,主管道中有多余的分管道,分管道 1,2 也尚未连通,去除多余管道和连通管道的具体操作如下。

(1)单击工具按钮，弹出"拉伸"对话框。

(2)单击"方向"面板工具按钮，选择主管道轴线,如图 1-6-35 所示。

(3)单击"截面"面板工具按钮，选择主管道内表面边缘曲线,如图 1-6-35 所示。

(4)在"限制"面板中输入开始距离"0",结束下拉列表中选择 直至选定对象 。

(5)单击"限制"面板工具按钮，选择基座下底面作为选定对象。

(6)在"布尔"面板下拉列表中选择 求差 。

(7)单击 应用 → 取消 ,即可完成拉伸,如图 1-6-36 所示。

(8)重复上述步骤(1)~(6),分别选择分管道 1、2 内径边缘为拉伸截面,去除分管道 1、2 中的多余管道。

图 1-6-35　拉伸方向和边缘

图 1-6-36　拉伸并求差后的主管道

相关知识

管道——功能详解

使用管道可以通过沿着一个或多个相切连续的曲线或边扫掠一个圆形截面来创建单个实体,如图 1-6-37 所示。

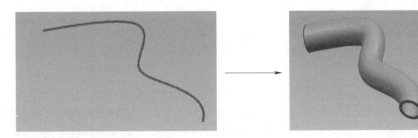

图 1-6-37　管道特征

在执行"管道"命令后,弹出图 1-6-38 所示对话框,其中"类型"面板下拉列表中的各项功能说明如下。

(1)"路径" :选择管道延伸的路径。

(2)"横截面":指定管道的外径和内径,内径可以为 0。

(3)"布尔":设置管道与原有实体的关系,包括"无"、"求和"、"求差"、"求交"。

(4)"输出":包括单段和多段两种输出类型。

单段——在整个样条长度路径上只有一个管道面(存在内径时为两个),如图 1-6-39(a)所示。

多段——多段管用一系列圆柱和圆环面沿路径逼近管道表面,如图 1-6-39(b)所示。其依据是用直线和圆弧逼近样条路径(使用建模公差)。对于直线路径段,将管道创建为圆柱。对于圆形路径段,创建为圆环。

(5)改变在建立于编辑时的距离公差。默认值取自建模参数预设置中的距离公差。

图 1-6-38　"管道"对话框

(a) ⬝ (b)

图 1-6-39　管道输出类型

投影曲线——功能详解

"投影"是将曲线或点投影到曲面上,超出投影曲面的部分将被自动截去。在执行"投影曲线"命令后,弹出图 1-6-40 所示对话框,其中"类型"面板下拉列表中的各项功能说明如下。

(1)"要投影的曲线或点":用于选择要投影的曲线或点。

(2)"要投影的对象":用于选择要投影的对象、可以是面、小平面体或者基准平面,也可以是定义的平面。

(3)"投影方向":可以是"沿面的法向"、"朝向点"、"朝向直线"、"沿矢量"、"与矢量成角度"等。投影方向不同,投影结果不同。图 1-6-41 所示为投影方向为"朝向直线"时得到的投影结果。

图 1-6-40　"投影曲线"对话框

图 1-6-41　"朝向直线"投影

"沿面的法向"——将所选点或曲线沿着曲面或平面的法线投影到此曲面或平面上,如图 1-6-42(a)所示。

"朝向点"——将所选点或曲线与指定点相连,与投影曲面的交线即为点或曲线在投影面上的投影,如图 1-6-42(b)所示。

"朝向直线"——将所选点或曲线向指定线投影,在投影面上的交线即为投影线,如图 1-6-42(c)所示。

"沿矢量"——将所选点或曲线沿指定的矢量方向投影到投影面上,如图 1-6-42(d)所示。

"与矢量成角度"——与"沿矢量"相似,除了指定一个矢量外,还需要设置一个角度,如图 1-6-42(e)所示。

图 1-6-42 投影的方向

4. 创建沉头孔

【步骤1】创建沉头孔。

单击"插入"→"设计特征"→"孔",或单击工具按钮 ,弹出"孔"对话框,具体操作如下。

(1)在"成型"面板下拉列表中选择 ![] 沉头。

(2)在"尺寸"面板输入沉头孔直径"18",沉头孔深度"3",孔径"9",孔深度"10"。

(3)在"布尔"面板下拉列表中选择 ![] 求差。

(4)单击"位置"面板工具按钮 ![],捕捉基座圆角上圆弧的圆心作为指定点。

(5)单击 应用 → 取消 ,即可完成孔的创建。

【步骤2】阵列孔——实例特征。

单击"插入"→"关联复制"→"实例特征",或单击工具按钮 ![],弹出"实例"对话框1,如图 1-6-43 所示,具体操作如下。

(1)单击 圆形阵列 按钮。

(2)弹出"实例"对话框2 在过滤器列表框中选择 实例[0](29)/沉头孔(29) ,单击"确定"按钮,如图 1-6-44 所示。

图 1-6-43 "实例"对话框1

图 1-6-44 "实例"对话框2

(3)弹出"实例"对话框3,输入数字"3",角度"120",单击"确定"按钮,如图 1-6-45 所示。

(4)弹出"实例"对话框4,单击 基准轴 ,如图 1-6-46 所示。

(5)弹出"选择一个基准轴"对话框,如图 1-6-47 所示,选择"ZC 轴"作为基准轴。

(6)弹出"创建实例"对话框,如图 1-6-48 所示,单击按钮 是 → 取消 ,即可完成孔的阵列,如图 1-6-49 所示。

图 1-6-45　"实例"对话框 3

图 1-6-46　"实例"对话框 4

图 1-6-47　"选择一个基准轴"对话框

图 1-6-48　"创建实例"对话框

图 1-6-49　阵列孔

知识拓展

两个分管道的建模除了可用管道命令外,在 NX 中,还可运用沿引导线扫掠功能完成。

拓展练习

1.采用适当的特征工具完成图 1-6-50 所示图形的实体建模。

图 1-6-50

2. 采用适当的特征工具完成图 1-6-51 所示零件的实体建模。

图 1-6-51

3. 采用适当的特征工具完成如图 1-6-52 所示图形的实体建模。

图 1-6-52

项目七 箱体叉架类零件——齿轮泵泵体建模

学习目标

(1)能够根据设计的需要进行坐标移动。

(2)熟练掌握孔,凸台、腔体等成型特征操作。

(3)熟练掌握拔模,边倒圆等细节特征操作。

(4)熟练掌握长方体、圆柱等体素特征操作。

工作任务

创建箱体叉架类零件——齿轮泵泵体,如图 1-7-1 所示。

图 1-7-1　齿轮泵泵体

项目分析：齿轮泵泵体由主体、密封座、定位销、螺纹和沉头孔等部分组成，主体由底板和泵壳组成，因此，创建此传动轴可分四步：①创建齿轮泵主体；②创建泵壳和和底板通槽；③创建密封座和凸台；④创建孔、螺纹及圆角。

项目分解：

名称	内容	采用的工具和命令	创建流程	其他工具和命令
1	创建齿轮泵主体	长方体,坐标移动,圆柱体,边倒圆		

续表

名称	内容	采用的工具和命令	创建流程	其他工具和命令
2	创建泵壳和底板通槽	孔,腔体		草图,拉伸,求差
3	创建密封座和凸台	草图,拉伸,凸台		
4	创建孔、螺纹及圆角	孔,螺纹,镜像特征,实例特征(阵列)		

项目实施

1. 创建齿轮泵主体

创建由底板、泵壳构成的齿轮泵主体,如图 1-7-2 所示。

【步骤 1】启动 NX,新建一个名称为"chilunbeng"的部件文件,选择保存文件路径,进入建模模块。

【步骤 2】底板建模。

在菜单栏选择"插入"→"设计特征"→"长方体",弹出"长方体"对话框,如图 1-7-3 所示,具体操作如下:

(1)在"尺寸"面板中分别输入长度(XC)"92",宽度(YC)

图 1-7-2 齿轮泵主体

"112",高度(ZC)"16"。

（2）单击"原点"面板工具按钮，弹出"点"对话框，在坐标面板中分别输入长度(XC)："-92/2"，宽度(YC)："-112/2"，高度(ZC)："0"，如图 1-7-4 所示；

图 1-7-3 "长方体"对话框   图 1-7-4 "点"对话框

（3）单击"确定"按钮，自动返回"长方体"对话框，再次单击"确定"按钮，即可完成底板的创建，如图 1-7-5 所示。

【步骤 3】移动坐标系。

在菜单栏选择"格式"→"WCS"→"原点"，如图 1-7-6 所示；弹出"点"对话框，如图 1-7-7 所示，具体操作如下：

图 1-7-5 底板建模图   图 1-7-6 "格式"菜单

（1）在"坐标"面板中分别输入长度(XC)："-92/2"，宽度(YC)："0"，高度(ZC)："16"，或利用点捕捉功能直接选取底板上表面的 YC 轴方向棱边的中点（见图 1-7-5），以该点来定义新坐标系原点的位置。

（2）单击"确定"按钮，即可完成坐标系的移动操作。（可通过"格式"→"WCS"→"显示"，来显示移动后的坐标系，如图 1-7-8 所示，可看出此时的坐标原点已经移动。）

【步骤 4】创建圆柱体。

在菜单栏选择"插入"→"设计特征"→"圆柱体"，弹出"圆柱"对话框，如图 1-7-9 所示，具体操作如下。

图 1-7-7 "点"对话框

图 1-7-8 坐标显示

（1）在"尺寸"面板中输入直径"28"，高度"94"。

（2）在"指定矢量"下拉列表中选择 ，如图 1-7-10 所示。

（3）单击"反向"面板工具按钮 ，如图 1-7-10 所示 。

（4）弹出"点"对话框，"坐标"面板中输入 XC："-4"，YC："0"，ZC："$24-16$"，单击"确定"按钮。

（5）在"布尔"面板下拉列表中选择 求和。

（6）单击 应用 → 取消 ，即可完成圆柱体的创建，如图 1-7-11 所示。

图 1-7-9 "圆柱"对话框

图 1-7-10 "轴"面板

图 1-7-11 "圆柱体"建模

【步骤5】创建泵体——长方体。

在菜单栏选择"插入"→"设计特征"→"长方体",弹出的"长方体"对话框,具体操作如下。

(1)在"尺寸"面板中输入长度(XC)"42 * 3",宽度(YC)"46",高度(ZC)"42 * 2"。

(2)单击"原点"面板工具按钮,弹出"点"对话框。

(3)在"坐标"面板中输入长度(XC):"0",宽度(YC):"–32/2",高度(ZC):"24 – 16"。

(4)单击"确定"按钮,自动返回"长方体"对话框,再次单击"确定"。

(5)在"布尔"面板下拉列表中选择 求和。

(6)单击 应用 → 取消 ,即可完成长方体的创建,如图 1-7-12 所示。

【步骤6】创建基准平面 1、2。

在菜单栏选择"插入"→基准/点"→"基准平面",或单击工具按钮" "。

(1)依次选取泵体的上下表面,单击 应用 ,完成基准平面 1 的创建,如图 1-7-13 所示。

(2)再依次选取泵体的左右两个侧面,单击 应用 ,完成基准平面 1 的创建,如图 1-7-13 所示。

图 1-7-12　泵壳建模

图 1-7-13　基准平面

【步骤7】创建圆角。

在菜单栏选择"插入"→"细节特征"→"倒圆角",或单击工具按钮 ,弹出"边倒圆"对话框。

(1)输入"Radius":"42",选择步骤 5 创建的泵体的四个水平棱边。

(2)单击 应用 → 取消 ,即可完成齿轮泵主体的创建,如图 1-7-14 所示。

图 1-7-14　齿轮泵主体

相关知识

坐标系操作——功能详解

UG NX 中有两种坐标系,分别是绝对坐标系(ACS)和工作坐标系(WCS)。绝对坐标系(ACS)是模型空间坐标系,它的原点和方位固定不变。工作坐标系(WCS)是用户当前使用的坐标系,它的原点和位置是可以改变的,在一个部件文件中,坐标系可以有多个,但绝对坐标系只有一个。

在菜单栏选择"格式"→"WCS",系统会弹出图 1-7-15 所示级联菜单,利用该级联菜单,可对当前的工作坐标系进行原点平移或绕某个坐标轴旋转操作。

(1)在菜单栏选择"格式"→"WCS"→"动态",或单击工具按钮 ，绘图区将出现图 1-7-16 所示的动态或旋转坐标系。

图 1-7-15　WCS 联级菜单　　　　　图 1-7-16　动态移动或旋转坐标

①选择坐标原点手柄,可将坐标原点拖动到满意位置,按鼠标中键完成拖动。

②动态移动坐标。选择 XC、YC 或 ZC 轴的移动手柄,可将坐标原点拖动至满意位置。如选择 ZC 轴,在弹出的距离文本框中输入"5",按回车键,则坐标轴原点在 XC、YC 方向的位置不变,沿着 ZC 轴向上平移 5,如图 1-7-17 所示。

③动态旋转坐标。选择 XC、YC 或 ZC 轴之间的旋转手柄,在捕捉文本框中输入角度增量,可实现坐标旋转。如图 1-7-18 所示,选择 ZC 和 XC 轴之间的手柄,在弹出的角度文本框中输入"45",按回车键,则坐标轴绕着 YC 轴顺时针旋转 45°。

(2)在菜单栏选择"格式"→"WCS"→"原点",或单击工具按钮 ，弹出"点"对话框,如图 1-7-19 所示,用户可在对话框中输入具体坐标值,来确定一个工作坐标系。同时也可以通过点捕捉功能来实现。点的坐标系确定后,坐标系的原点将移动至该点,但坐标轴的方向不变。

(3)在菜单栏选择"格式"→"WCS"→"旋转",或单击工具按钮 ，弹出"旋转 WCS 绕…"对话框,如图 1-7-20 所示。通过该对话框,可将当前坐标系绕某一轴旋转指定角度,从而定义新的工作坐标系。其中"+ZC 轴:XC→YC"表示绕"+ZC"轴旋转,XC 轴向 YC 轴方向旋转,旋转角度在"角度"文本框中输入,默认为 90°。系统提供了六种旋转方法。

图 1-7-17　动态移动坐标　　　　　图 1-7-18　动态旋转坐标

图 1-7-19　"点"对话框　　　　　　图 1-7-20　"旋转 WCS 绕…"对话框

　　(4)在菜单栏选择"格式"→"WCS"→"定向",或单击工具按钮 ，弹出"WCS"对话框,如图 1-7-21 所示"CSYS"对话框,通过该对话框可以构造需要的坐标系。

图 1-7-21　"CSYS"对话框

（5）在菜单栏选择"格式"→"WCS"→"设为绝对 WCS"，或单击工具按钮 ，将 WCS 移动到绝对坐标系的位置和方位。

（6）在菜单栏选择"格式"→"WCS"→" 更改 XC 方向"，或单击工具按钮 ，弹出 "点"对话框，利用该对话框来创建或选择一个点，系统以原点和该点在 *XC-YC* 平面上的投影点的联系方向作为新坐标系的 *XC* 方向，而原坐标系的 *ZC* 轴方向不变。

（7）在菜单栏选择"格式"→"WCS"→"更改 *YC* 方向"，或单击工具按钮 ，操作方法及原理同上。

（8）在菜单栏选择"格式"→"WCS"→"显示"，或单击工具按钮 ，可使坐标系显示或隐藏。

（9）在菜单栏选择"格式"→"WCS"→"保存"，或单击工具按钮 ，可以将当前坐标系保存，使其成为已存坐标系。

2. 创建泵壳和底板通槽

在已创建的泵体主体上创建泵壳和底板腔体，如图 1-7-22 所示。

【**步骤** 1】创建泵壳孔。

在菜单栏选择"插入"→"设计特征"→"孔"，或单击工具按钮 ，弹出"孔"对话框，具体操作如下。

（1）在"形状"下拉列表中选择 简单，输入直径"50"，深度"32"，顶锥角"0"。

（2）单击"位置"面板工具按钮 ，分别捕捉泵壳前面两边圆弧的圆心。

（3）单击"确定"按钮，即可完成孔的创建，如图 1-7-23 所示。

图 1-7-22　泵壳创建　　　　　　　　图 1-7-23　泵壳孔的创建

【**步骤** 2】创建泵壳腔体。

在菜单栏选择"插入"→"设计特征"→"腔体"，或单击工具按钮 ，弹出"腔体"对话框，如图 1-7-24 所示。

具体操作如下。

（1）单击 矩形 。

（2）弹出"矩形腔体"对话框 1，如图 1-7-25 所示。选择泵壳前表面为矩形放置面，如图 1-7-26 所示。

图 1-7-24 "腔体"对话框

图 1-7-25 "矩形腔体"对话框 1

（3）弹出"水平参考"对话框，单击 基准轴 ，如图 1-7-27 所示；选择"X 轴"为水平参考。

图 1-7-26 放置面

图 1-7-27 "水平参考"对话框

（4）弹出"编辑参数"对话框，如图 1-7-28 所示，输入长度"42"，宽度"50"，深度"31"，单击"确定"按钮。

（5）弹出"定位"对话框，如图 1-7-29 所示，单击按钮 工 ，选择基准平面 1 为目标边，预览腔体在 X 方向的定位线（绿色虚线）为工具边，如图 1-7-30 所示。

图 1-7-28 "编辑参数"对话框 2

图 1-7-29 "定位"对话框

（6）重复上述操作，选择基准平面 2 为目标边，以腔体在 *Y* 方向的定位线（绿色虚线）为工具边，如图 1-7-30 所示，单击 █取消█，即可完成泵壳腔体的创建，如图 1-7-31 所示。

图 1-7-30　定位图

图 1-7-31　创建泵壳腔体建模

【步骤 3】创建底板腔体。

利用与步骤 2 同样的方法，在底板下面创建腔体，腔体的长度"92"，宽度"64"，深度"4"，完成的底板腔体如图 1-7-32 所示。

3. 创建密封座和凸台

在已创建的模型上创建密封座和凸台，完成后的三维模型如图 1-7-33 所示。

图 1-7-32　底板腔体

图 1-7-33　建密封座和凸台建模

【步骤 1】创建凸台 1。

在菜单栏选择"插入"→"设计特征"→"凸台"，或单击工具按钮 █5█，弹出"凸台"对话框，如图 1-7-34 所示，具体操作如下。

（1）输入直径"28"，高度"4"，锥角"0"，如图 1-7-34 所示。

（2）在锥角下拉列表中选择 *f(x)* 函数(U)...，弹出"插入函数"对话框，如图 1-7-35 所示。

（3）在"函数名"列表中选择"arctan"，单击"确定"按钮；

（4）弹出"函数参数"对话框，在对话框中输入"1/10"，如图 1-7-36 所示，单击"确定"按钮，自动返回"凸台"对话框。

图 1-7-34 "凸台"对话框

图 1-7-35 "插入函数"对话框

图 1-7-36 "函数参数"对话框

（5）选择泵体上表面为放置面，单击"确定"按钮，弹出"定位"对话框，系统默认为定位方式为 ，采用默认方式，选择泵壳上表面的前棱，输入当前表达式值为"16"，单击"确定"按钮，如图 1-7-37 所示。

（6）自动返回"定位"对话框，选择 ，选择边基准平面 2，如图 1-7-38 所示；单击"确定"按钮，即可完成凸台 1 的创建，如图 1-7-39 所示。

图 1-7-37 "定位"对话框

图 1-7-38 定位选择

【步骤 2】创建凸台 2。

（1）利用与步骤 1 相同的方法，在泵壳背面创建凸台 2，凸台 2 直径"28"，高度"8"，锥角"arctan1/10"；

（2）定位方式采用 ，单击泵壳后面圆弧，单击"圆弧中心"，单击"确定"按钮，即可完成的凸台 2 的创建,如图 1-7-40 所示。

图 1-7-39　凸台 1

图 1-7-40　凸台建模

【步骤 3】绘密封座草图。

单击工具按钮 ,选择泵壳后表面为草图平面,按图 1-7-41 所示尺寸绘密封座草图。

【步骤 4】拉伸草图。

在菜单栏选择"插入"→"设计特征"→"拉伸",或单击工具按钮 。弹出"拉伸"对话框,具体操作如下。

(1)选择步骤 3 中绘制的草图作为拉伸截面。

(2)在"开始"和"结束"下拉列表中分别选择"值",开始距离输入"0",结束距离输入"9"。

(3)在"布尔"面板的下拉列表中选择 求和。

(4)单击 应用 → 取消 ,即可完成密封座的拉伸,如图 1-7-42 所示。

图 1-7-41　密封座草图

图 1-7-42　密封座

4. 创建孔、螺纹及圆角

【步骤 1】创建泵壳内表面孔。

单击"插入"→"设计特征"→"孔",或单击工具按钮 ，弹出"孔"对话框,具体操作如下。

（1）在"类型"面板下拉列表中选择 常规孔。

（2）在"成形"下拉列表中选择 简单,输入直径"18",深度"14",锥角"118"。

（3）捕捉泵壳内底部表面右侧 φ48 圆弧中心作为指定点。

（4）在"布尔"面板的下拉列表中选择 求差。

（5）单击 应用 → 取消 ,即可完成孔 1 的创建,如图 1-7-43 所示。

（6）重复上述（1）～（5）,创建泵壳内表面的孔 2。输入直径,深度,锥角分别为:"22","14","118",捕捉泵壳内底部表面左侧 φ48 圆弧中心作为指定点,即可完成泵壳内孔特征,如图 1-7-43 所示。（注:孔的深度超过 8 时,锥角为任意角度即可。）

图 1-7-43　泵壳内表面孔

【步骤 2】创建密封座孔。

（1）重复上述步骤 1,创建密封座 4 个螺纹底孔。螺纹底孔直径"8.5",深度"10",锥角"118",分别捕捉密封座 4 个圆角的圆弧中心作为圆心指定点。如图 1-7-44 所示。

（2）重复步骤 1,创建密封座孔。输入直径"32",深度"14",锥角"120",捕捉孔 2 的中心作为圆心指定点,即可完成密封座孔的创建,如图 1-7-45 所示。

图 1-7-44　密封座螺纹底孔

图 1-7-45　密封座底孔

【步骤 3】创建泵壳顶部孔。

重复步骤 1,创建泵壳顶部孔,孔直径"19",深度穿透泵壳顶部即可,锥角为任意角度,捕捉泵壳上表面凸台圆心作为指定点,即可完成泵壳顶部孔的创建,如图 1-7-46 所示。

【步骤 4】边倒圆角。

在菜单栏选择"插入"→"细节特征"→"边倒圆",或单击工具按钮 ,弹出"边倒圆"对

话框,具体操作如下。

(1)选择底板 4 条竖直棱边,输入圆角半径"15"。

(2)单击 应用 → 取消。

重复上述操作(1)~(2),按零件图选择其余需要倒圆的边,输入圆角半径"3",即可完成边倒圆,如图 1-7-47 所示。

图 1-7-46　泵壳顶部孔

图 1-7-47　边倒圆

【步骤 5】创建 $\phi28$ 圆柱体水平侧孔。

单击"插入"→"设计特征"→"孔",或单击工具按钮 ,弹出"孔"对话框,具体操作如下。

(1)在"成型"面板下拉列表中选择 简单,输入孔直径"14",孔深度"82",顶锥角"118"。

(2)捕捉圆柱体左侧端面 $\phi28$ 圆弧中心作为圆心指定点,如图 1-7-48 所示。

(3)在"布尔"面板下拉列表中选择 求差。

(4)单击 应用 → 取消,即可完成孔的创建。

(5)重复上述步骤,创建直径"18.5",孔深度"15",顶锥角"118"的简单孔,操作结果如图 1-7-48 所示。

【步骤 6】创建 M18 螺纹底孔。

重复上述操作,创建圆柱体左侧 M18 螺纹底孔,孔直径"18 * 0.92",孔深度"10",顶锥角"118"。

【步骤 7】创建底板沉头孔。

单击"插入"→"设计特征"→"孔",或单击工具按钮 ,弹出"孔"对话框,具体操作如下。

(1)在"成型"面板下拉列表中选择 沉头;

(2)在"尺寸"面板输入沉头孔直径"22",沉头孔深度"1",孔径"13",孔深度"16",顶锥角"118"。

(3)在"布尔"面板下拉列表中选择 求差。

(4)单击"位置"面板工具按钮 ,捕捉底板圆角中心作为指定点。

（5）单击 应用 → 取消 ，即可完成底板沉头孔的创建，如图 1-7-49 所示。

【步骤 8】绘草图。

单击工具按钮 📐 ，选择泵壳前表面为草图平面，按图 1-7-50 尺寸绘草图。

【步骤 9】创建 3 个螺纹底孔。

单击"插入"→"设计特征"→"孔"，或单击工具按钮 🔲 ，弹出"孔"对话框，具体操作如下。

图 1-7-48　沉头孔 1

图 1-7-49　底板沉头孔

（1）在"成型"面板下拉列表中选择 🔲 简单 。

（2）在"尺寸"面板输入直径"8.5"，深度"10"，锥角"118"。

（3）分别捕捉步骤 6 所绘草图 R35 右侧圆弧与水平线的交点 1，右侧圆弧与竖直线的交点 2、交点 3。

（4）在"布尔"下拉列表中选择 🔲 求差 。

（5）单击 应用 → 取消 ，即可完成 3 个螺纹底孔的创建，如图 1-7-51 所示。

【步骤 10】创建定位销孔。

单击"插入"→"设计特征"→"孔"，或单击工具按钮 🔲 ，弹出"孔"对话框，具体操作如下。

图 1-7-50　草图

图 1-7-51　螺纹底孔

（1）在"成型"面板下拉列表中选择 ⬇ 简单 。

（2）在"尺寸"面板输入直径"8"，深度"12"，锥角"118"。

（3）捕捉步骤 6 所绘草图 R35 右侧圆弧和 45°直线的交点 4。

（4）在"布尔"下拉列表中选择 ⬛ 求差 。

（5）单击 应用 → 取消 ，即可完成定位销孔的创建，如图 1-7-52 所示。

【步骤 11】创建螺纹倒角。

在菜单栏选择"插入"→"细节特征"→"倒斜角"，或单击工具按钮 ▨ 倒斜角 ，弹出"倒斜角"对话框，横截面选择"对称"，输入距离"1"，依次选取所有螺纹底孔边缘线，创建螺纹倒角。

【步骤 12】创建螺纹。

单击"插入"→"设计特征"→"螺纹"，或单击工具按钮 ▨ ，弹出"螺纹"对话框，具体操作如下。

图 1-7-52　定位孔

（1）选择步骤 2 创建的密封座上四个螺纹底孔，设置螺纹长度"10"，单击 应用 。

（2）选择步骤 3 创建的泵壳顶部孔，单击 应用 。

（3）选择步骤 5 创建的孔，螺纹长度"10"，单击 应用 。

（4）选择步骤 8 创建的螺纹底孔，螺纹长度"12"，单击 应用 → 取消 ，即可完成螺纹的创建，如图 1-7-53 所示。

【步骤 13】镜像泵壳前表面的孔及螺纹。

单击"插入"→"关联复制"→"镜像特征"，弹出"镜像特征"对话框，具体操作如下。

（1）勾选"添加相关特征"复选框，如图 1-7-54 所示。

（2）选择泵壳前表面 3 个螺纹底孔作为镜像特征。

图 1-7-53　螺纹创建

图 1-7-54　"镜像特征"对话框

（3）单击"选择平面"面板按钮 ，选择基准平面 2 为"镜像平面"，如图 1-7-55 所示。

（4）单击 应用 → 取消 ，即可完成泵壳前表面螺纹和孔的镜像，如图 1-7-55 所示。

图 1-7-55 镜像孔和螺纹

【步骤 14】阵列（圆形阵列）定位孔。

（1）移动坐标

单击"格式"→"WCS"→"原点"，利用点捕捉功能直接选择图 1-7-55 所示虚线 1 和基准平面 2 的交点为新坐标系原点的位置，即可完成坐标系的移动操作。

（2）阵列定位销。

单击"插入"→"关联复制"→"实例特征"，或单击工具按钮 ，弹出"实例"对话框 1，如图 1-7-56 所示，具体操作如下。

（1）单击 圆形阵列 ，弹出"实例"对话框 2，如图 1-7-57 所示。

图 1-7-56 "实例"对话框 1

图 1-7-57 "实例"对话框 2

（2）在"过滤器"列表中选择需要阵列的孔，或直接在模型选择孔；单击"确定"按钮。

（3）弹出"实例"对话框 3，如图 1-7-58 所示，输入数字"2"，角度"180"，单击"确定"按钮。

（4）弹出"实例"对话框 4，如图 1-7-59 所示，单击 点和方向 。

1-7-58　"实例"对话框 3　　　　　图 1-7-59　"实例"对话框 4

（5）弹出"矢量"对话框，如图 1-7-60 所示，在"类型"面板下拉列表中选择 📏 两点 。

（6）单击"指定出发点"面板按钮 ➕，弹出"点"对话框 1，如图 1-7-61 所示，在"坐标"面板输入 X"0"，Y"0"，Z"0"，单击"确定"按钮。

图 1-7-60　"矢量"对话框　　　　　1-7-61　"点"对话框 1

（7）自动返回"矢量"对话框，单击"指定终止点"面板按钮 ➕。

（8）弹出"点"对话框 2，如图 1-7-62 所示，在"坐标"面板输入 X"0"，Z"0"，Y 值可以是任意数值，例如输入"8"，单击"确定"按钮。

（9）自动返回"矢量"对话框，单击"确定"按钮。

（10）弹出"点"对话框 3，如图 1-7-63 所示，直接单击"确定"按钮。

图 1-7-62　"点"对话框 2　　　　　图 1-7-63　"点"对话框 3

（11）弹出"创建实例"对话框，如图 1-7-64 所示，单击 是 。

（12）自动返回"实例"对话框 2，单击"确定"按钮，即可完成定位孔特征阵列，如图 1-7-65 所示。

图 1-7-64 "创建实例"对话框

图 1-7-65 定位孔整列

【步骤 15】阵列（矩形阵列）沉头孔。

单击"插入"→"关联复制"→"实例特征"，或单击工具按钮 ，弹出"实例"对话框 1，如图 1-7-66 所示，具体操作如下。

（1）单击 矩形阵列 。

（2）弹出"实例"对话框 2，如图 1-7-67 所示，在"过滤器"列表中选择需要阵列的孔，或直接选择底板上的沉头孔，如图 1-7-68 所示，单击"确定"按钮。

图 1-7-66 "实例"对话框 1

图 1-7-67 "实例"对话框 2

（3）弹出"输入参数"对话框，如图 1-7-69 所示，输入 XC 向数量"2"，XC 偏置"67"，YC 向数量"2"，YC 偏置"87"，单击"确定"按钮。

（4）弹出"创建实例"对话框，如图 1-7-70 所示，单击 是 。

（5）自动返回"实例"对话框 2，单击 取消 ，即可完成沉头孔特征阵列，如图 1-7-71 所示。

图 1-7-68　需要阵列的孔

图 1-7-69　"输入参数"对话框

图 1-7-70　"创建实例"对话框

图 1-7-71　沉头孔特征阵列

【步骤 16】创建加油孔。

单击"插入"→"设计特征"→"孔",或单击工具按钮 ，弹出"孔"对话框,具体操作如下。

(1)在"成型"面板下拉列表中选择 简单。

(2)在"孔方向"下拉列表中选择 沿矢量。

(3)在"尺寸"面板输入直径"12",深度"15",锥角"118"。

(4)单击"位置"面板按钮，弹出"创建草图"对话框,如图 1-7-72 所示。

(5)单击"创建草图"对话框中按钮，选择泵体底部平面为草图平面,如图 1-7-73 所示。

图 1-7-72　"创建草图"对话框

图 1-7-73　草图平面

(6)捕捉泵体顶部凸台圆弧中心(见图 1-7-24),单击 完成草图,返回"孔"对话框。

(7)单击 ，再单击 应用 → 取消 ,即可完成孔的创建,如图 1-7-75 所示。

图 1-7-74　孔定位草图

图 1-7-75　加油孔创建

知识拓展

創建齿轮泵主体、泵壳和底板通槽时,还可通过绘制草图,拉伸/布尔运算的方法来实现。

拓展练习

1. 采用适当的特征工具完成图 1-7-76 实体建模。

A—A

图　1-7-76

2. 采用适当的特征工具完成图 1-7-77 实体建模。

图　1-7-77

3. 采用适当的特征工具完成下图 1-7-78 实体建模

图　1-7-78

项目八 箱体叉架类零件——启动离合座建模

学习目标

（1）熟练掌握拉伸和布尔运算、变换操作。
（2）熟练掌握孔、边倒圆特征操作。
（3）掌握修剪片体、缝合、加厚拔模等操作。
（4）熟练掌握长方体、圆柱等体素特征操作。

工作任务

创建箱体叉架类零件——启动离合座建模，如图 1-8-1 所示。

图 1-8-1　启动离合座

项目分析：启动离合座由底座、接头和孔 3 部分组成，创建此数铣竞赛零件启动离合座可分 3 步：①创建底座；②创建接头；③创建内环和孔。

项目分解：

名称	内容	采用工具和命令	创建流程	其他工具和命令
1	创建底座	草图，拉伸，边倒圆，布尔运算（求和）		孔

续表

名称	内容	采用工具和命令	创建流程	其他工具和命令
2	创建接头	草图,拉伸,修剪片体,变换,缝合,加厚,布尔运算（求差）,边倒圆		
3	创建内环和孔	拉伸,孔		

项目实施

1. 创建底座

创建底座,具体尺寸如图1-8-1所示,完成后的底座建模如图1-8-2所示。

图1-8-2　底座

【步骤1】启动 NX,新建一个名称为"lihezuo"的部件文件,选择保存文件路径,进入建模模块。

【步骤2】绘底座草图1。

单击工具按钮 ⬛,选择 *YC-ZC* 平面作为草图平面,单击"确定"按钮,进入草图平面,按

图 1-8-3 尺寸绘草图。

【步骤3】拉伸草图 1。

在菜单栏选择"插入"→"设计特征"→"拉伸",或单击工具按钮 🔳,弹出"拉伸"对话框,具体操作如下。

（1）选择步骤 2 中绘制的草图 1 作为拉伸截面。

（2）在"限制"面板中输入起始距离" –12",结束距离"0"。

（3）单击 应用 → 取消 ,即可完草图 1 的拉伸,如图 1-8-4 所示。

图 1-8-3　草图 1

图 1-8-4　底座建模

【步骤4】边倒圆。

在菜单栏选择"插入"→"细节特征"→"边倒圆",或单击工具按钮 📦,弹出"边倒圆"对话框,具体操作如下。

（1）按零件图选择底座上 8 条棱边。

（2）输入圆角半径"6"。

（3）单击 应用 → 取消 ,即可完成边倒圆,如图 1-8-5 所示。

图 1-8-5　边倒圆

2. 创建接头

接头的创建过程如图 1-8-6 所示。

图 1-8-6　"接头"创建过程

【步骤1】隐藏底座及草图1。

单击工具按钮 ▶▶ ,弹出"显示和隐藏"对话框,如图1-8-7所示,具体操作如下。

（1）单击实体按钮 ━ ,即可完成底座的隐藏。

（2）单击草图按钮 ━ ,即可完成草图1的隐藏。

图 1-8-7 "显示和隐藏"对话框

【步骤2】绘制草图2。

单击工具按钮 ，选择 *XC-YC* 平面作为草图平面,按图1-8-8尺寸绘草图2。

【步骤3】拉伸草图2。

在菜单栏选择"插入"→"设计特征"→"拉伸",或单击工具按钮 ，弹出"拉伸"对话框,具体操作如下。

（1）选择步骤2中绘制的草图2作为拉伸截面。

（2）在"限制"面板中输入起始距离"0",结束距离"22"。

（3）单击"确定"按钮,即可完成草图2的拉伸,如图1-8-9所示片体1。

图 1-8-8 草图 2

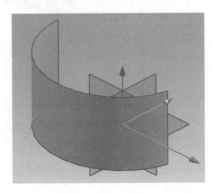

图 1-8-9 片体 1

【步骤4】绘制草图 3。

单击工具按钮 （图标），选择 *XC-ZC* 平面作为草图平面，按图 1-8-10 尺寸绘草图 3。

【步骤5】拉伸草图 3。

在菜单栏选择"插入"→"设计特征"→"拉伸"，或单击工具按钮 ，弹出"拉伸"对话框，具体操作如下。

（1）选择步骤 4 中绘制的草图 3 作为拉伸截面。

（2）在"限制"面板中输入起始距离" −10"，结束距离"20"（注：该步骤的拉伸尺寸，只要片体 1 和片体 2 相交即可）。

（3）单击"确定"按钮，即可完成草图 3 的拉伸，如图 1-8-11 所示片体 2。

图 1-8-10　草图 3

图 1-8-11　片体 2

【步骤6】修剪片体 1。

在菜单栏选择"插入"→"修剪"→"修剪的片体"，或单击工具按钮 ，弹出"修剪的片体"对话框，如图 1-8-12 所示，具体操作如下。

图 1-8-12　"修剪的片体"对话框

（1）选择片体 1 作为要修剪的片体，如图 1-8-13 所示。

（2）单击"边界对象"面板按钮 ⊕，选择片体 2 作为边界对象。

（3）单击 应用 → 取消 ，即可完成片体 1 的修剪，如图 1-8-14 所示。

【步骤 7】隐藏片体 2。

选取片体 2，同时按键盘上【Ctrl + B】，即可完成片体 2 的隐藏，如图 1-8-15 所示。

图 1-8-13　要修剪的片体

图 1-8-14　修剪后的片体

图 1-8-15　隐藏片体 2

【步骤 8】阵列修剪后的片体 1——变换。

在菜单栏选择"编辑"→"变换"，弹出"变换"对话框 1，如图 1-8-16 所示，具体操作如下。

（1）选择修剪后的片体 1，单击"确定"按钮。

（2）弹出"变换"对话框 2，如图 1-8-17 所示，单击 圆形阵列 。

图 1-8-16　"变换"对话框 1

图 1-8-17　"变换"对话框 2

（3）弹出"点"对话框 1，如图 1-8-18 所示输入 X "0"，Y "0"，Z "0"，单击"确定"按钮。

（4）弹出"点"对话框 2，如图 1-8-19 所示，输入 X "0"，Y "0"，Z "0"，单击"确定"按钮。

（5）弹出"变换"对话框 3，如图 1-8-20 所示，不做任何修改，直接单击"确定"按钮。

（6）弹出"变换"对话框 4，如图 1-8-21 所示，单击 变换类型 - 圆形阵列 。

图 1-8-18 "点"对话框 1

图 1-8-19 "点"对话框 2

图 1-8-20 "变换"对话框 3

图 1-8-21 "变换"对话框 4

（7）弹出"变换"对话框 5，如图 1-8-22 所示，单击 绕直线旋转 。

（8）弹出"变换"对话框 6，如图 1-8-23 所示，单击 点和矢量 。

（9）弹出"点"对话框 3，如图 1-8-24 所示，输入 X"0"，Y"0"，Z"0"，单击"确定"按钮。

（10）弹出"矢量"对话框，如图 1-8-25 所示，在"类型"面板下拉列表中选择"ZC 轴"，单击"确定"按钮。

（11）弹出"变换"对话框 7，如图 1-8-26 所示，输入角度值"180"单击"确定"按钮。

（12）弹出"变换"对话框 8，如图 1-8-27 所示，单击 复制 ，再单击 取消 ，即可完成片 1 的阵列，如图 1-8-28 所示。

图 1-8-22　"变换"对话框 5

图 1-8-23　"变换"对话框 6

图 1-8-24　"点"对话框 3

图 1-8-25　"矢量"对话框

图 1-8-26　"变换"对话框 7

图 1-8-27　"变换"对话框 8

图 1-8-28　片体 1 阵列

【步骤 9】绘草图 4。

单击工具按钮■，选择 XC-YC 平面作为草图平面，按图 1-8-29 尺寸绘草图 4。（草图 4 中两段圆弧分别与其相邻的大圆弧相切。）

【步骤 10】拉伸草图 4。

在菜单栏选择"插入"→"设计特征"→"拉伸"，或单击工具按钮■，弹出"拉伸"对话框，具体操作如下。

（1）选择步骤 9 中绘制的草图 4 作为拉伸截面。

（2）在"限制"面板中输入起始距离"0"，结束距离"22"。

（3）单击"确定"按钮，即可完成草图 4 的拉伸，如图 1-8-30 所示。

图 1-8-29　草图 4

图 1-8-30　草图 4 拉伸

【步骤 11】缝合片体。

在菜单栏选择"插入"→"组合"→"缝合"，或单击工具按钮■，弹出"缝合"对话框，如图 1-8-31 所示，具体操作如下。

（1）选择片体 1 作为目标片体。

（2）依次选择剩下片体作为工具片体。

（3）单击 应用 → 取消 ，即可完成片体缝合。此时虽然片体看起来没有变化，但其实它已经缝合成了一个整体。

【步骤 12】片体加厚。

在菜单栏选择"插入"→"偏置/缩放"→"加厚"，或单击工具按钮■，弹出"加厚"对话框，如图 1-8-32 所示，具体操作如下。

（1）选择步骤 11 缝合后的片体；

（2）在"厚度"面板中输入偏置 1 "4.5"，偏置 2 "0"；

（3）单击 应用 → 取消 ，即可完成片体加厚，如图 1-8-33 所示。

图 1-8-31　"缝合"对话框

图 1-8-32　"加厚"对话框

【步骤 13】隐藏片体。

选择步骤 11 缝合后的片体,同时按下【Ctrl + B】键,将其隐藏,如图 1-8-34 所示。

图 1-8-33　加厚的片体(隐藏片体前)

图 1-8-34　加厚的片体(隐藏片体后)

【步骤 14】绘草图 5。

单击工具按钮 ，选择 *YC-ZC* 平面作为草图平面,按图 1-8-35 所示尺寸绘制草图 5。

【步骤 15】拉伸草图 5。

在菜单栏选择"插入"→"设计特征"→"拉伸",或单击工具按钮 ，弹出"拉伸"对话框,具体操作如下。

(1)选择步骤 14 中绘制的草图 5 作为拉伸截面。

(2)在"限制"面板中输入起始距离" – 19.5",结束距离"19.5"。

(3)单击"确定"按钮,即可完成草图 5 的拉伸,如图 1-8-36 所示。

图 1-8-35　草图 5

图 1-8-36　拉伸草图 5

【步骤 16】 求差。

在菜单栏选择"插入"→"组合"→"求差",具体操作如下。

（1）选择加厚的片体为目标体,步骤 15 中拉伸对象为工具体。

（2）单击 ⌞应用⌟ → ⌞取消⌟ ,即可完成求差,如图 1-8-37 所示。

图 1-8-37　求差后的接头

相关知识

修剪的片体——功能详解

修剪的片体是指利用曲线、边缘或基准平面区去修剪片体的一部分,如图 1-8-38 所示。

图 1-8-38　修剪后的片体

单击工具按钮，弹出"修剪的片体"对话框,如图 1-8-39 所示,对话框中各面板的含义如下。

(1)"目标":要修剪的片体对象。

(2)"边界对象":去修剪目标片体的工具,如曲线、边缘、曲面或基准平面等。

(3)"投影方向":当边界对象远离目标片体时,可通过投影将边界对象(主要是曲线或边缘)投影在目标片体上。投影的方法有垂直于面、垂直于曲线平面和沿矢量。

(4)"区域":要保留或是要移除的那部分片体。

①"保持":选中此单选按钮,保留光标选择片体的部分。

②"舍弃":选中此单选按钮,移除光标选择片体的部分。

(5)"保持目标":修剪片体后仍保留原片体。

(6)"输出精确的几何体":选择此复选框,最终修剪后片体精度最高。

(7)"公差":修剪结果与理论结果之间的误差。

图 1-8-39　"修剪的片体"对话框

注意事项:在使用"修剪的片体"工具进行操作时,应注意修剪边界对象必须要超过目标体的范围,否则无法进行正常操作。

缝合——功能详解

"缝合"命令可以将两个或更多片体合并为一个片体,如果这组片体包围一定的体积,则创建一个实体。

单击按钮，弹出"缝合"对话框,如图 1-8-40 所示,"缝合"的一般创建步骤如下:

(1)选择任一面作为目标体。

(2)选择其余面为刀具体。

(3)其余参数保持默认值。

(4)单击"确定"按钮,完成片体缝合。

图 1-8-40　"缝合"对话框

加厚——功能详解

使用加厚可以将一个或多个相互连接的面或者片体加厚为一个实体,如图 1-8-41 所示。片体加厚与拉伸不同,片体加厚相对的是曲面,而拉伸是相对于曲线。

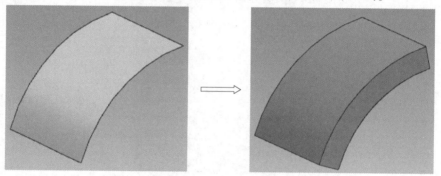

图 1-8-41　片体加厚

单击按钮，弹出"加厚"对话框,如图 1-8-42 所示,加厚的一般创建步骤如下:

图 1-8-42　"加厚"对话框

（1）选择要加厚的面或片体。

（2）输入加厚的厚度（偏置）。

（3）其余参数保持默认值。

（4）单击"确定"按钮，完成加厚。

3. 创建内环和孔

【步骤1】创建底座孔。

在菜单栏选择"插入"→"设计特征"→"孔"，或单击工具按钮 ，弹出"孔"对话框，具体操作如下。

（1）在"成型"面板下拉列表中选择 简单。

（2）在"尺寸"面板输入直径"36"，深度"10"，顶锥角"118"。

（3）捕捉底座大圆圆心作为孔心。

（4）在"布尔"面板的下拉列表中选择 求差；

（5）单击 应用 → 取消 ，即可完成底座孔的创建，如图1-8-43所示。

【步骤2】创建孔、内环。

（1）在菜单栏选择"插入"→"设计特征"→"拉伸"，或单击工具按钮 ，弹出"拉伸"对话框，具体操作如下。

①选择步骤1创建的孔的边缘为拉伸截面。

②在"限制"面板中输入起始距离"0"，结束距离"4"。

③在"布尔"面板下拉列表选择 求和 。

④单击 应用 → 取消 ，即可完拉伸，如图1-8-44所示。

图1-8-43　底座孔建模

图1-8-44　孔边缘拉伸

（2）单击"插入"→"设计特征"→"孔"，或单击工具按钮 ，弹出"孔"对话框，具体操作如下。

①在"成型"面板下拉列表中选择 简单。

②在"尺寸"面板输入直径"28",深度"4",锥顶角"118"。

③捕捉底板大圆圆心作为孔心。

④在"布尔"面板的下拉列表中选择 🔲 求差 。

⑤单击 应用 → 取消 ,即可完成内环的创建,如图 1-8-45 所示。

图 1-8-45 内环创建

知识拓展

创建底座时,4 个小孔除了通过绘制草图后拉伸得出外,也可直接用孔命令创建。

拓展练习

1. 采用适当的特征工具完成图 1-8-46 所示实体建模。

图 1-8-46

2. 采用适当的特征工具完成图 1-8-47 所示实体建模。

图　1-8-47

3. 采用适当的特征工具完成图 1-8-48 所示实体建模。

图　1-8-48

模块二

NX 装配

NX 装配模块包含两个项目,即柱塞泵装配和台虎钳装配,通过这两个项目的装配学习,掌握装配方法和功能命令。

项目一　柱塞泵装配

学习目标

(1)熟悉装配环境。
(2)能够装配简单的工件,掌握装配各组件的方法。
(3)能够正确选择装配约束。

工作任务

创建机械零件的装配——柱塞泵,如图 2-1-1 所示。

图 2-1-1　柱塞泵

项目分析:柱塞泵由泵体、压盖、阀体等零件组成,因此,创建此装配可分两步:①新建装配文件,导入基础部件;②插入各组件。

项目分解：

名称	内容	采用的方法和手段	创建流程	其他方法
1	新建装配文件,导入基础部件	新建一个装配文件,添加组件		
2	插入各组件	利用"接触"、"自动判断中心/轴"等定位方式约束轴向及径向自由度		

项目实施

1. 新建装配文件,导入基础部件

新建一个名为"zhusaibeng"的空装配部件,然后将基础部件(泵体)导入到装配件中。

【步骤1】 新建装配文件。

启动 NX 软件,单击工具图标"新建" 或单击"文件"→"新建"选项,打开"新建"对话框,在"模板"选项组中,选择"装配",确定存盘路径,输入文件名 zhusaibeng,单位选择"毫米",单击"确定"按钮,打开"添加组件"对话框,如图 2-1-2 所示。

图 2-1-2　新建装配文件

相关知识

装配导航器——功能详解

装配导航器是一种装配结构的图形显示界面,又被称为装配树。在装配树形结构中,每个组件作为一个节点显示。它能清楚反映装配部件中各个组件的装配关系,而且能让用户快速便捷选取和操作各个部件。例如,用户可以在装配导航器中改变显示部件和工作部件、隐藏和显示组件。下面介绍装配导航器的功能及操作方法。

打开装配导航器,装配树形结构图显示如图 2-1-3 所示。

图 2-1-3　装配导航器

如果将光标定位在树形图中节点处,单击鼠标右键,将会弹出图 2-1-4 所示的快捷菜单。右击"设为显示部件"部件显示,单击"显示父项"即选择要显示的父项。

图 2-1-4　快捷菜单

"预览"面板是装配导航器的一个扩展区域,显示装载或未装载的组件。"相关性"面板是装配导航器的特殊扩展,其允许查看部件或装配内选定对象的相关性,包括配对约束等,如图 2-1-5 所示。

图 2-1-5　预览面板和相关性面板

【**步骤 2**】添加组件。

（1）在步骤 1 打开的"添加组件"对话框"部件"面板中单击"打开"工具图标 ，或在装配工具条中直接单击工具图标 ，弹出"部件名"对话框，在本地磁盘目录中选择文件名为"bengti"的零件，并在对话框右侧生成零件预览，如图 2-1-6 所示。

图 2-1-6　"部件名"对话框

（2）单击"OK"按钮，系统弹出"添加组件"对话框，保持默认的组件名"bengti"不变。在放置面板中"定位"下拉列表中选择"绝对原点"选项,系统将按绝对定位方式确定部件在装配中的位置,如图 2-1-7(a)所示。系统同时按照对话框中的设置在"组件预览"区中生成部件的预览,效果如图 2-1-7(b)所示。

(a)"添加组件"对话框

图 2-1-7(b)部件预览

图 2-1-7 添加组件

(3)单击"确定"按钮,泵体零件被导入到装配文件中,效果如图 2-1-8 所示。

图 2-1-8 导入基础部件

相关知识

装配方法——功能详解

常用的装配方法有以下三种。

（1）自顶向下装配：指在装配级中创建与其他部件相关的部件模型，即在装配部件的顶部向下产生子装配和部件的装配方法。

（2）自底向上装配：指先全部设计好装配中的部件几何模型，再组合成子装配，最后生成装配部件的装配方法。

（3）混合装配：指将自顶向下装配和自底向上装配结合在一起的装配方法。例如，先创建几个主要部件模型，再将其装配在一起，然后在装配中设计其他部件，即为混合装配。在实际设计中，可根据需要在两种模式下切换。

自底向上装配的设计方法是常用的装配方法，即先设计装配中的部件，再将部件添加到装配中，由底向上逐级地进行装配。若要进行装配，单击"新建"→"装配"选项，然后选择"装配"→"组件"，弹出图2-1-9所示的"组件"子菜单。

图2-1-9 "组件"子菜单

采用自底向上装配时，指定组件在装配中的定位方式主要有两种：绝对坐标定位法和配对定位法。一般地说，第一个部件采用绝对坐标定位法添加，其余的部件采用配对定位法添加。配对定位法的优点是：部件修改后，装配关系不会改变。

2. 插入各组件

在泵体的基础上插入各组成零件，完成后如图2-1-10所示。

【步骤1】安装压盖。

在泵体上的一端面安装压盖，在装配过程中，选择"接触"类型对轴向自由度进行约束，选择"中心对齐"配对类型对径向自由度进行约束。

（1）在菜单栏选择"插入"→"组件"→"添加组件"，或单击"添加组件"工具图标，系统

图 2-1-10 装配完成图

弹出"添加组件"对话框,单击 按钮,弹出"部件名"对话框,在本地磁盘装配源文件目录中选择文件名为"yagai"的零件,并在对话框右侧生成零件预览。

（2）单击"OK"按钮,在"添加组件"对话框中,保持默认的组件名"yagai"不变。在"放置"面板"定位"下拉列表中选择"通过约束"选项,如图 2-1-11 所示。部件的预览效果如图 2-1-12 所示。

图 2-1-11 "添加组件"对话框

图 2-1-12 组件预览

（3）单击"确定"按钮,系统弹出"装配约束"对话框,如图 2-1-13 所示。

（4）在"装配约束"对话框中的"类型"面板下拉列表中,单击"接触对齐"选项,并在"要约束的几何体"面板"方位"下拉列表中单击"接触"选项。在绘图区分别单击鼠标左键选择相配部件和基础部件相应接触面,如图 2-1-14 和图 2-1-15 所示。

图 2-1-13　"装配约束"对话框

图 2-1-14　相配部件选择部位

图 2-1-15　基础部件选择部位

（5）再次到"装配约束"对话框中的"类型"面板下拉列表中，单击"接触对齐"选项，在"方位"下拉列表中选择"自动判断中心/轴"选项，在绘图区选择相配部件和基础部件中心线，如图 2-1-16 和图 2-1-17 所示。

（6）为保证"yagai"两侧孔与装配基础件孔对正，继续在"自动判断中心/轴"方式下，分别单击选择基础件对应小孔中心和"yagai"两侧孔中心。

（7）单击"确定"按钮完成压盖的装配，结果如图 2-1-18 所示。

图 2-1-16　相配部件选择部位　　　图 2-1-17　基础部件选择部位　　　图 2-1-18　完成压盖的装配

相关知识

装配约束——功能详解

在"添加组件"对话框"定位"下拉列表中单击"通过约束"选项,则组件添加到装配件中后,弹出图 2-1-19 所示的"装配约束"对话框。

单击装配工具图标也会弹出此对话框。以下分别对"类型"下拉列表(见图 2-1-20)中的配对约束方法进行介绍。

图 2-1-19 "装配约束"对话框

图 2-1-20 "类型"下拉列表

1. "接触对齐"

选择"接触对齐"后,"方位"面板出现"接触"和"对齐"两个选项。

(1)"接触"约束:用于定位两个同类对象相一致。对于平面对象,所选平面共面且法线方向相反,如图 2-1-21 所示;对于圆锥面,采用"接触"约束时,系统首先检查其角度是否相等,如果相等,则对齐其轴线;对于圆柱面,要求相配组件直径相等才能对齐轴线;对于边缘和线,"接触"类似于"对齐"。配对的组件是指需要添加约束进行定位的组件,基础组件是指已经添加完的组件。

(2)对齐约束:用于定位对齐相配对象。当对齐平面时,使两个面共面且法线方向相同;当对齐圆锥、圆柱和圆环面等对称实体时,使其轴线相一致;当对齐边缘和线时,使两者共线,如图 2-1-22 所示。

2. 角度约束

用于在两个对象间定义角度,确定相配组件的正确方位。角度约束可以在两个具有方向矢量的对象间产生,角度是两个方向矢量的夹角,逆时针方向为正。

角度约束有两种类型:平面角度和三维角度,平面角度约束需要一根转轴,两个对象的方向矢量与其垂直,如图 2-1-23 所示。

图 2-1-21　接触约束　　　　　　　　图 2-1-22　对齐约束

(a) 角度为0°　　　　　　　　　(b) 角度为30°

图 2-1-23　角度约束

3. ▶|◀ 中心约束

用于约束两个对象的中心,使其中心对齐。当选择"中心约束"时,中心对象菜单被激活,其选项有以下几种。

(1)"1 对 2":将相配组件中的一个对象定位到基础组件中两个对象的中心上,当选择该项时,允许在基础组件上选择第二个对象。

(2)"2 对 1":将相配组件中的两个对象定位到基础组件中一个对象上,并与其对称。当选择该选项时,允许在相配组件上选择第二个配对对象,如图 2-1-24 所示。

图 2-1-24　中心约束(2 对 1)

（3）"2 对 2"：将相配组件中的两个对象定位到基础组件中两个对象处并成对称布置，如图 2-1-25 所示。

图 2-1-25　中心约束（2 对 2）

4. ⊩ 距离约束

用于指定两个对象间的最小距离。距离可以是正值也可以是负值。

5. ⊩ 正交

用于约束两个对象的方向矢量彼此垂直。

6. ⫽ 平行约束

用于约束两个对象的方向矢量彼此平行。

7. ⊳ 相切约束

用于约束两个对象相切。

8. ⊡ 胶合约束

用于约束两个对象胶合。

9. ＝ 适合约束

该配对约束类型用于定义两个对象适合。

10. ◎ 同心约束

用于约束两个对象同心。

【步骤 2】安装柱塞。

在压盖内部安装柱塞，在装配过程中，选择"接触"配对类型对轴向自由度进行约束，选择"中心对齐"配对类型对径向自由度进行约束，具体操作如下。

（1）在打开的"添加组件"对话框中单击"打开"工具图标 🖼，（若"添加组件"对话框已关闭则单击"添加组件"工具图标 🖼）弹出"部件名"对话框，在相应的装配源文件中选择文件名为"zhusai"的零件,并在对话框右侧生成零件预览。

(2)单击"OK"按钮,在"添加组件"对话框中,保持默认的组件名"zhusai"不变。在"定位"下拉列表中选择"通过约束"选项,单击"确定"按钮,打开"装配约束"对话框。

(3)在"装配约束"对话框中的"类型"面板下拉列表中,选择"接触对齐"选项,并在"方位"下拉列表中单击"自动判断中心/轴"选项。在绘图区选择相配部件和基础部件要对应重合的中心线,即两圆柱的中心线,如图 2-1-26 和图 2-1-27 所示。

图 2-1-26　相配部件选择部位　　　　　图 2-1-27　基础部件选择部位

(4)在"装配约束"对话框中的"类型"下拉列表中,单击"距离"选项,在绘图区分别单击选择相配部件和基础部件上要求保持距离的两个表面,在弹出的"距离"对话框中输入距离"−6",单击"确定"按钮,结果如图 2-1-28 和图 2-1-29 所示。

图 2-1-28　相配部件选择部位　　　　　图 2-1-29　基础部件选择部位

(5)单击"确定"按钮完成柱塞的装配,结果如图 2-1-30 所示。

【步骤3】安装阀体。

在泵体另一端面安装阀体,在装配过程中,选择"接触"类型对轴向自由度进行约束,选择"中心对齐"配对类型对径向自由度进行约束,具体操作如下:

(1)在打开的"添加组件"对话框中单击"打开"工具图标，弹出"部件名"对话框,在相应的装配源文件路径中选择文件名为"fati"的零件,并在对话框右侧生成零件预览。

图 2-1-30　完成柱塞的装配

（2）单击"OK"按钮，在"添加组件"对话框中，保持默认的组件名"fati"不变。在"定位"下拉列表中选择"通过约束"选项，单击"确定"按钮，打开"装配约束"对话框。

（3）在"装配约束"对话框中的"类型"下拉列表中，单击"接触对齐"选项，并在"方位"下拉列表中单击"接触"选项。在绘图区选择相配部件和基础部件要接触配合的两表面，如图 2-1-31 和图 2-1-32 所示。

图 2-1-31　相配部件选择部位　　　　　图 2-1-32　基础部件选择部位

（4）在"装配约束"对话框中的"类型"下拉列表中，单击"接触对齐"选项，并在"方位"下拉列表中单击"自动判断中心/轴"选项。在绘图区选择相配部件和基础部件要对应重合的中心线，即两圆柱的中心线，如图 2-1-33 和图 2-1-34 所示。

（5）单击"确定"按钮完成阀体的装配，结果如图 2-1-35 所示。

【步骤 4】安装阀盖。

在阀体上端安装阀盖，在装配过程中，选择"接触"类型对轴向自由度进行约束，选择"中心对齐"配对类型对径向自由度进行约束，具体操作如下。

图 2-1-33　相配部件选择部位　　　图 2-1-34　基础部件选择部位　　　图 2-1-35　完成阀体的装配

（1）在打开的"添加组件"对话框中单击"打开"工具图标，弹出"部件名"对话框，在相应的装配源文件路径中选择文件名为"fati"的零件，并在对话框右侧生成零件预览。

（2）单击"OK"按钮，在"添加组件"对话框中，保持默认的组件名"fagai"不变。在"定位"下拉列表中选择"通过约束"选项，单击"确定"按钮，打开"装配约束"对话框。

（3）在"装配约束"对话框中的"类型"下拉列表中，单击"接触对齐"选项，并在"方位"下拉列表中单击"接触"选项。在绘图区选择相配部件和基础部件要接触的两表面，如图 2-1-36

和图 2-1-37 所示。

2-1-36　相配部件选择部位

图 2-1-37　基础部件选择部位

（4）在"装配约束"对话框中的"类型"下拉列表中,单击"接触对齐"选项,并在"方位"下拉列表中单击"自动判断中心/轴"选项。在绘图区选择相配部件和基础部件中心线,如图 2-1-38 和图 2-1-39 所示。

（5）单击"确定"按钮完成阀体的装配,结果如图 2-1-40 所示。

2-1-38　相配部件选择部位　　　图 2-1-39　基础部件选择部位　　　图 2-1-40　完成阀体的装配

知识拓展

在装配完成之后为了更好地观察各个装配组件的相对位置,通常需要创建爆炸图。

相关知识

自动爆炸组件特征——功能详解

首先创建自动爆炸组件特征,然后利用"编辑爆炸图"命令编辑自动爆炸得到的图形,再利用"取消爆炸组件"命令将不需要爆炸的组件返回爆炸前的状态。完成后如图 2-1-41 所示。

图 2-1-41　创建的爆炸图

1. 打开部件文件

进入 NX 软件，单击图标 或单击"文件"→"打开"命令，弹出"打开部件文件"对话框。在本地磁盘目录中选择文件"zhusaibeng"，单击"OK"按钮，进入 NX 主界面。

2. 另存文件

单击"文件"→"另存为"命令，弹出"另存为"对话框。在"文件名"文本框中输入"zhusaibengbaozha"，单击"OK"按钮，进入 NX 主界面。

3. 创建爆炸图

（1）单击图标 或单击"装配"→"爆炸图"→"新建爆炸图"命令，弹出如图 2-1-42 所示的"新建爆炸图"对话框。

（2）在"名称"文本框中输入"zhusaibengbaozha"。

（3）单击"确定"按钮，创建柱塞泵爆炸图。

图 2-1-42　"新建爆炸图"对话框

4. 爆炸组件

（1）单击图标 或单击"装配"→"爆炸图"→"自动爆炸组件"命令，弹出"类选择"对话框，单击"全选"按钮 ，选中所有的组件。单击"确定"按钮，弹出"爆炸距离"对话框。

（2）在"距离"文本框中输入"70"，如图 2-1-43 所示，单击"确定"按钮，爆炸组件如图 2-1-44 所示。

图 2-1-43　"距离"文本框

图 2-1-44　爆炸组件

5. 编辑爆炸图

（1）单击图标 或单击"装配"→"爆炸图"→"编辑爆炸图"命令，弹出"编辑爆炸图"对话框，如图 2-1-45 所示。

（2）在绘图区选择组件"压盖"作为要爆炸的组件。

（3）在"编辑爆炸图"对话框中点选"移动对象"单选钮，移动压盖到合适的位置，如图 2-1-46 所示。

（4）单击"确定"按钮，或单击鼠标中键完成操作。

（5）同上步骤，移动其他组件，编辑后的爆炸图如图 2-1-47 所示。

图 2-1-45　"编辑爆炸图"对话框　　　图 2-1-46　移动压盖

6. 组件不爆炸

(1)单击图标 或单击"装配"→"爆炸图"→"取消爆炸组件"命令,弹出"类选择"对话框。

(2)在绘图区选择不进行爆炸的组件,如图 2-1-48 所示。

图 2-1-47　编辑后的爆炸图　　　图 2-1-48　选择不进行爆炸的组件

(3)单击"确定"按钮,使已爆炸的组件恢复到原来的位置,如图 2-1-49 所示。

7. 隐藏爆炸

单击"装配"→"爆炸图"→"隐藏爆炸图"命令,则将当前爆炸图隐藏起来,使绘图区中的组件恢复到爆炸前的状态。

图 2-1-49　恢复已爆炸的组件

1. 装配四杆机构,结果如图 2-1-50 所示。
2. 运用所学的知识装配机械臂,如图 2-1-51 所示。

图　2-1-50　　　　　　　　　　　图　2-1-51

项目二　台虎钳装配

学习目标

(1) 熟练掌握基础部件的导入方法。
(2) 能够装配较复杂的工件,熟练掌握装配各组件的方法。
(3) 能够正确选择装配约束。
(4) 能够正确创建零件装配的爆炸图。

工作任务

本项目创建典型机械零部件的装配——台虎钳装配,装配结果如图 2-2-1 所示。

图 2-2-1　台虎钳

项目分析：台虎钳由钳座、护口板、螺杆等零件组成，因此，创建此装配可分三步：①导入基础部件；②插入各组件；③创建爆炸图。

项目分解：

名称	内容	采用的方法和手段	创建流程	其他方法
1	新建装配文件，导入基础部件	新建文件，添加组件		
2	插入各组件	利用"接触"、"自动判断中心/轴"等定位方式约束轴向及径向自由度		
3	创建爆炸图	利用"编辑爆炸图"命令编辑自动爆炸得到图形，再利用"取消爆炸组件"命令返回爆炸前的状态		

🐾 项目实施

1. 新建装配文件，导入基础部件

新建一个名为"huqian"的空装配文件，然后将基础部件（钳座）导入到装配文件中。

【步骤1】新建装配文件。

启动 NX 软件，单击图标 📋或单击"文件"→"新建"选项，打开"新建"对话框，在"模板"选项组中，选择"装配"，确定存盘路径，输入文件名"huqian"，单位选择"毫米"，单击"确定"按钮，打开"添加组件"对话框，如图 2-2-2 所示。

【步骤2】添加组件。

（1）单击图标 ，在图 2-2-2 所示的"添加组件"对话框中单击图标 ，弹出"部件名"对话框，在本地磁盘目录中选择文件名为"qianzuo"的零件，并在对话框右侧生成零件预览，如图 2-2-3 所示。

（2）单击"OK"按钮，系统弹出"添加组件"对话框，保持默认的组件名"qianzuo"不变。在"定位"下拉列表中选择"绝对原点"选项，系统将按绝对定位方式确定部件在装配中的位置，如图 2-2-4（a）所示。系统同时按照对话框中的设置在"组件预览"区中生成部件的预览，效果如图 2-2-4（b）所示。

图 2-2-2 "新建"对话框

图 2-2-3 "部件名"对话框

（3）单击"确定"按钮，钳座零件被导入到装配体中，效果如图 2-2-5 所示。

2. 插入各组件

在钳座的基础上插入各组成零件，装配完成后效果如图 2-2-6 所示。

【步骤 1】安装方块螺母。

具体操作如下：

（a）"添加组件"对话框

（b）"组件预览"

图 2-2-4　添加组件（2）

图 2-2-5　导入效果图

图 2-2-6　完成装配的虎钳

（1）单击"标准"工具栏中的"开始"按钮 开始，在弹出的下拉菜单中单击"装配"命令，进入装配模式。在菜单栏选择"装配"→"组件"→"添加组件"，或者点击工具按钮，弹出"添加组件"对话框，如图 2-2-7 所示。

（2）单击"打开"按钮，弹出"部件名"对话框，选择"fangkuailuomu"选项，单击"OK"按钮，载入该文件。

（3）返回"添加组件"对话框，在"定位"下拉列表中选择"通过约束"选项。

（4）单击"确定"按钮弹出图 2-2-8 所示的"装配约束"对话框，同时可预览要安装的部件文件。

图 2-2-7　"添加组件"对话框

图 2-2-8　"装配约束"对话框

（5）选择"接触对齐"类型，在"方位"下拉列表中选择"接触"选项，在绘图区分别选择装配基础部件和相配部件方头螺母上将要对应接触的面，如图 2-2-9 和图 2-2-10 所示。

图 2-2-9　相配部件选择部位

图 2-2-10　基础部件选择部位

（6）继续选择"接触对齐"类型，在"方位"下拉列表中选择"接触"选项，在绘图区选择相配部件和基础部件另一对将要对应接触的面，如图 2-2-11 和图 2-2-12 所示。

图 2-2-11　相配部件选择部位

图 2-2-12　基础部件选择部位

（7）选择"距离"类型，在绘图区选择相配部件和基础部件，如图 2-2-13 和图 2-2-14 所示。

2-2-13　相配部件选择部位

图 2-2-14　基础部件选择部位

（8）单击"确定"按钮弹出图 2-2-15 所示的"装配约束"对话框，输入距离"60"。

图 2-2-15　"装配约束"对话框

图 2-2-16　装配方块螺母

（9）单击"确定"按钮完成方块螺母的装配,结果如图 2-2-16 所示。

【步骤2】安装活动钳口。

（1）在菜单栏选择"装配"→"组件"→"添加组件",或者单击工具按钮 ,弹出"添加组件"对话框。

（2）单击"打开"按钮 ,弹出"部件名"对话框,选择"huodongqiankou"选项,单击"OK"按钮,载入该文件。

（3）返回"添加组件"对话框,在"定位"下拉列表中选择"通过约束"选项。

（4）单击"确定"按钮弹出"装配约束"对话框,同时可预览要安装的部件文件。

（5）选择"接触对齐"类型,在"方位"下拉列表中选择"接触"选项,在绘图区选择相配部件和基础部件将要对应接触的面,如图 2-2-17 和图 2-2-18 所示。

图 2-2-17　相配部件选择部位　　　　图 2-2-18　　基础部件选择部位

（6）选择"接触对齐"类型,在"方位"下拉列表中选择"自动判断中心/轴"选项,在绘图区选择基础部件和相配部件相应中心线,如图 2-2-19 和图 2-2-20 所示。

图 2-2-19　相配部件选择部位　　　　图 2-2-20　　基础部件选择部位

（7）选择"平行"类型,在绘图区选择基础部件钳座上钳口一侧和相配部件相应平行表面,如图 2-2-21 所示。

（8）单击"确定"按钮完成活动钳口的装配,结果如图 2-2-22 所示。

【步骤3】安装螺钉。

（1）在菜单栏选择"装配"→"组件"→"添加组件",或者单击工具按钮 ,弹出"添加组件"对话框。

（2）单击"打开"按钮 ,弹出"部件名"对话框,选择"luoding"选项,单击"OK"按钮,载入该文件。

图 2-2-21　相配、基础部件选择部位

图 2-2-22　完成活动钳口的装配

（3）返回"添加组件"对话框，在"定位"下拉列表中选择"通过约束"选项。

（4）单击"确定"按钮弹出"装配约束"对话框，同时可预览要安装的部件文件。

（5）选择"接触对齐"类型，在"方位"下拉列表中选择"接触"选项，在绘图区选择相配部件和基础部件相应接触表面，如图 2-2-23 和图 2-2-24 所示。

图 2-2-23　相配部件选择部位

图 2-2-24　基础部件选择部位

（6）选择"接触对齐"类型，在"方位"下拉列表中选择"自动判断中心/轴"选项，在绘图区选择相配部件和基础部件相应中心线，如图 2-2-25 所示。

（7）单击"确定"按钮完成螺钉的装配，结果如图 2-2-26 所示。

图 2-2-25　相配、基础部件选择部位

图 2-2-26　完成螺钉的装配

【步骤4】安装垫圈12。

（1）在菜单栏选择"装配"→"组件"→"添加组件"，或者单击工具按钮 ⬚，弹出"添加组件"对话框。

（2）单击"打开"按钮 ⬚，弹出"部件名"对话框，选择"dianquan12"选项，单击"OK"按钮，载入该文件。

（3）返回"添加组件"对话框，在"定位"下拉列表中选择"通过约束"选项。

（4）单击"确定"按钮弹出"装配约束"对话框，同时可预览要安装的部件文件。

（5）选择"接触对齐"类型，在"方位"下拉列表中选择"接触"选项，在绘图区选择相配部件和基础部件相应接触表面，如图 2-2-27 和图 2-2-28 所示。

图 2-2-27　相配部件选择部位　　　　　　　　图 2-2-28　基础部件选择部位

（6）选择"接触对齐"类型，在"方位"下拉列表中选择"自动判断中心/轴"选项，在绘图区选择相配部件和基础部件相应中心线，如图 2-2-29 和图 2-2-30 所示。

图 2-2-29　相配部件选择部位　　　　　　　　图 2-2-30　基础部件选择部位

（7）单击"确定"按钮完成垫圈12的装配，结果如图 2-2-31 所示。

【步骤5】安装螺杆。

（1）在菜单栏选择"装配"→"组件"→"添加组件"，或者单击工具按钮 ⬚，弹出"添加组件"对话框。

（2）单击"打开"按钮 ⬚，弹出"部件名"对话框，选择"luogan"选项，单击"OK"按钮，载入该文件。

（3）返回"添加组件"对话框，在"定位"下拉列表中选择"通过约束"选项。

图 2-2-31　完成垫圈 12 的装配

（4）单击"确定"按钮弹出"装配约束"对话框，同时可预览要安装的部件文件。

（5）选择"接触对齐"类型，在"方位"下拉列表中选择"接触"选项，在绘图区选择相配部件和基础部件相应接触表面，如图 2-2-32 和图 2-2-33 所示。

图 2-2-32　相配部件选择部位

图 2-2-33　基础部件选择部位

（6）选择"接触对齐"类型，在"方位"下拉列表中选择"自动判断中心/轴"选项，在绘图区选择相配部件和基础部件相应接触表面，如图 2-2-34 和图 2-2-35 所示。

图 2-2-34　相配部件选择部位

图 2-2-35　基础部件选择部位

（7）单击"确定"按钮完成螺杆的装配,结果如图 2-2-36 所示。

图 2-2-36　完成螺杆的装配

【步骤6】安装垫圈 10。

（1）在菜单栏选择"装配"→"组件"→"添加组件",或者单击工具按钮，弹出"添加组件"对话框。

（2）单击"打开"按钮，弹出"部件名"对话框,选择"dianquan10"选项,单击"OK"按钮,载入该文件。

（3）返回"添加组件"对话框,在"定位"下拉列表中选择"通过约束"选项。

（4）单击"确定"按钮弹出"装配约束"对话框,同时可预览要安装的部件文件。

（5）选择"接触对齐"类型,在"方位"下拉列表中选择"接触"选项,在绘图区选择相配部件和基础部件相应接触表面,如图 2-2-37 和图 2-2-38 所示。

图 2-2-37　相配部件选择部位

图 2-2-38　基础部件选择部位

（6）选择"接触对齐"类型,在"方位"下拉列表中选择"自动判断中心/轴"选项,在绘图区选择相配部件和基础部件相应中心线,如图 2-2-39 和图 2-2-40 所示。

图 2-2-39 相配部件选择部位

图 2-2-40 基础部件选择部位

（7）单击"确定"按钮完成垫圈 10 的装配,结果如图 2-2-41 所示。

【步骤 7】安装螺母 M10。

（1）在菜单栏选择"装配"→"组件"→"添加组件",或者单击工具按钮 ，弹出"添加组件"对话框。

（2）单击"打开"按钮 ，弹出"部件名"对话框,选择"luomuM10"选项,单击"OK"按钮,载入该文件。

（3）返回"添加组件"对话框,在"定位"下拉列表中选择"通过约束"选项。

图 2-2-41 完成垫圈 10 的装配

（4）单击"确定"按钮弹出"装配约束"对话框,同时可预览要安装的部件文件。

（5）选择"接触对齐"类型,在"方位"下拉列表中选择"接触"选项,在绘图区选择相配部件和基础部件相应接触表面,如图 2-2-42 和图 2-2-43 所示。

图 2-2-42 相配部件选择部位

图 2-2-43 基础部件选择部位

（6）选择"接触对齐"类型，在"方位"下拉列表中选择"自动判断中心/轴"选项，在绘图区选择相配部件和基础部件相应中心线，如图 2-2-44 和图 2-2-45 所示。

图 2-2-44　相配部件选择部位　　　图 2-2-45　基础部件选择部位

（7）单击"确定"按钮完成螺母 M10 的装配，结果如图 2-2-46 所示。

图 2-2-46　完成螺母 M10 的装配

【步骤 8】安装 3×16 销。

（1）在菜单栏选择"装配"→"组件"→"添加组件"，或者单击工具按钮 ，弹出"添加组件"对话框。

（2）单击"打开"按钮 ，弹出"部件名"对话框，选择"xiao3-6"选项，单击"OK"按钮，载入该文件。

（3）返回"添加组件"对话框，在"定位"下拉列表中选择"通过约束"选项。

（4）单击"确定"按钮弹出"装配约束"对话框，同时可预览要安装的部件文件。

（5）选择"接触对齐"类型，在"方位"下拉列表中选择"自动判断中心/轴"选项，在绘图区选择相配部件和基础部件相应中心线，如图 2-2-47 和图 2-2-48 所示。

图 2-2-47　相配部件选择部位　　　　　　　图 2-2-48　基础部件选择部位

（6）选择"接触对齐"类型，在"方位"下拉列表中选择"对齐"选项，在绘图区选择相配部件和基础部件相应接触面，如图 2-2-49 和图 2-2-50 所示。

图 2-2-49　相配部件选择部位　　　　　　　图 2-2-50　基础部件选择部位

（7）单击"确定"按钮完成 3×16 销的装配，结果如图 2-2-51 所示。

图 2-2-51　完成 3×16 销的装配

【步骤 9】安装护口板。

（1）在菜单栏选择"装配"→"组件"→"添加组件"，或者单击工具按钮，弹出"添加组件"对话框。

（2）单击"打开"按钮，弹出"部件名"对话框，选择"hukouban"选项，单击"OK"按钮，载入该文件。

（3）返回"添加组件"对话框，在"定位"下拉列表中选择"通过约束"选项。

（4）单击"确定"按钮弹出"装配约束"对话框，同时可预览要安装的部件文件。

（5）选择"接触对齐"类型，在"方位"下拉列表中选择"接触"选项，在绘图区选择相配部件和基础部件相应接触表面，如图 2-2-52 和图 2-2-53 所示。

图 2-2-52　相配部件选择部位

图 2-2-53　基础部件选择部位

（6）选择"接触对齐"类型，在"方位"下拉列表中选择"自动判断中心/轴"选项，在绘图区选择相配部件和基础部件相应中心线，如图 2-2-54 和图 2-2-55 所示。

图 2-2-54　相配部件选择部位

图 2-2-55　基础部件选择部位

（7）单击"确定"按钮完成护口板的装配，结果如图 2-2-56 所示。

（8）重复操作（1）～（7），安装另一侧的护口板，如图 2-2-57 所示。

【步骤 10】安装螺钉 M10×20。

（1）在菜单栏选择"装配"→"组件"→"添加组件"，或者单击工具按钮，弹出"添加组件"对话框。

图 2-2-56　完成护口板的装配

图 2-2-57　完成安装另一侧的护口板

（2）单击"打开"按钮，弹出"部件名"对话框，选择"luodingM10-20"选项，单击"OK"按钮，载入该文件。

（3）返回"添加组件"对话框，在"定位"下拉列表中选择"通过约束"选项。

（4）单击"确定"按钮弹出"装配约束"对话框，同时可预览要安装的部件文件。

（5）选择"接触对齐"类型，在"方位"下拉列表中选择"接触"选项，在绘图区选择相配部件和基础部件相应接触表面，如图 2-2-58 和图 2-2-59 所示。

图 2-2-58　相配部件选择部位

图 2-2-59　基础部件选择部位

（6）选择"接触对齐"类型，在"方位"下拉列表中选择"自动判断中心/轴"选项，在绘图区选择相配部件和基础部件中心线，如图 2-2-60 和图 2-2-61 所示。

图 2-2-60　相配部件选择部位

图 2-2-61　基础部件选择部位

（7）单击"确定"按钮完成螺钉 M10×20 的装配,结果如图 2-2-62 所示。

（8）重复操作(1)~(7),安装剩余的螺钉 M10×20,如图 2-2-63 所示。

图 2-2-62　完成螺钉 M10×20 的装配

图 2-2-63　安装剩余的螺钉 M10×20

3. 创建爆炸图

首先创建自动爆炸组件特征,然后利用"编辑爆炸图"命令编辑自动爆炸得到的图形,再利用"取消爆炸组件"命令返回爆炸前的状态。完成后如图 2-2-64 所示。

【步骤1】打开部件文件。

进入 UG NX7.5 软件,单击图标 或单击"文件"→"打开"命令,弹出"打开部件文件"对话框。在本地磁盘目录中选择文件"huqian",单击"OK"按钮,进入 UG 主界面。

【步骤2】另存文件。

单击"文件"→"另存为"命令,弹出"另存为"对话框。在"文件名"文本框中输入"huqianbaozha",单击"OK"按钮,进入 UG 主界面。

【步骤3】创建爆炸图。

（1）单击图标 或单击"装配"→"爆炸图"→"新建爆炸图"命令,弹出如图 2-2-65 所示的"新建爆炸图"对话框。

图 2-2-64　创建的爆炸图

图 2-2-65　"新建爆炸图"对话框

（2）在"名称"文本框中输入"hutianbaozhatu"。

（3）单击"确定"按钮,创建台虎钳爆炸图。

【步骤4】爆炸组件。

（1）单击图标 或单击"装配"→"爆炸图"→"自动爆炸组件"命令,弹出"类选择"对话框,单击"全选"按钮 ,选中所有的组件。单击"确定"按钮,弹出"爆炸距离"对话框。

(2)在"距离"文本框中输入"60",如图 2-2-66 所示,单击"确定"按钮,得到爆炸组件如图 2-2-67 所示。

图 2-2-66　"距离"文本框

图 2-2-67　爆炸组件

【步骤5】编辑爆炸图。

(1)单击图标 或单击"装配"→"爆炸图"→"编辑爆炸图"命令,弹出"编辑爆炸图"对话框,如图 2-2-68 所示。

(2)在绘图区选择组件"活动钳口"作为要爆炸的组件。

(3)在"编辑爆炸图"对话框中点选"移动对象"单选钮,移动活动钳口到合适的位置,如图 2-2-69 所示。

图 2-2-68　"编辑爆炸图"对话框

图 2-2-69　移动活动钳口

(4)单击"确定"按钮,或单击鼠标中键完成操作。

(5)按照上述操作,移动其他组件,编辑后的爆炸图如图 2-2-70 所示。

图 2-2-70　编辑后的爆炸图

【步骤6】组件不爆炸。

（1）单击图标 或单击"装配"→"爆炸图"→"取消爆炸组件"命令，弹出"类选择"对话框。

（2）在绘图区选择不进行爆炸的组件，如图 2-2-71 所示。

（3）单击"确定"按钮，使已爆炸的组件恢复到原来的位置，如图 2-2-72 所示。

图 2-2-71　选择不进行爆炸的组件　　　　图 2-2-72　恢复已爆炸的组件

【步骤7】隐藏爆炸。

单击"装配"→"爆炸图"→"隐藏爆炸图"命令，则将当前爆炸图隐藏起来，使绘图区中的组件恢复到爆炸前的状态。

知识拓展

本项目在装配螺钉 M10×20 时除了运用上述方法之外，在 NX 中，还可运用创建组件阵列的功能来装配。

相关知识

组件阵列——功能详解

组件阵列具体的操作如下：

（1）在菜单栏选择"装配"→"组件"→"添加组件"，或者单击工具按钮 ，弹出"添加组件"对话框。

（2）单击"打开"按钮 ，弹出"部件名"对话框，选择"luodingM10-20"选项，单击"OK"按钮，载入该文件。

（3）返回"添加组件"对话框，在"定位"下拉列表中选择"通过约束"选项。

（4）在"多重添加"下拉列表中选择"添加后生成阵列"选项。

（5）单击"确定"按钮弹出"装配约束"对话框，同时可预览要安装的部件文件。

（6）选择"接触对齐"类型，在"方位"下拉列表中选择"接触"选项，在绘图区选择相配部件和基础部件，如图 2-2-73 和图 2-2-74 所示。

图 2-2-73 相配部件选择部位

图 2-2-74 基础部件选择部位

（7）选择"接触对齐"类型，在"方位"下拉列表中选择"自动判断中心/轴"选项，在绘图区选择相配部件和基础部件，如图 2-2-75 和图 2-2-76 所示。

图 2-2-75 相配部件选择部位

图 2-2-76 基础部件选择部位

（8）单击"确定"按钮完成螺钉 M10×20 的装配，结果如图 2-2-77 所示。同时弹出图 2-2-78 所示的"创建组件阵列"对话框。

图 2-2-77 完成螺钉 M10×20 的装配

图 2-2-78 "创建组件阵列"对话框

（9）在"阵列定义"选项组中点选"线性"单选钮，单击"确定"按钮，弹出"创建线性阵列"对话框。

（10）在"方向定义"选项组中点选"边"单选钮，如图 2-2-79 所示，在绘图区选择边缘，如图 2-2-80 所示。

2-2-79 "创建线性阵列"对话框   图 2-2-80 选择边缘

（11）在"创建线性阵列"对话框的"总数-XC"和"偏置-XC"文本框中分别输入"2"和"40"。

（12）单击"确定"按钮，得到阵列的螺钉 M10×20，如图 2-2-81 所示。

（13）按上述操作，在另一个护口板上安装螺钉，如图 2-2-82 所示。

图 2-2-81 阵列的螺钉 M10×20   图 2-2-82 在另一个护口板上安装螺钉

拓展练习

1. 根据所提供的零件完成卡丁车的装配，结果如图 2-2-83 所示。

2. 根据所提供的零件完成升降机的装配，结果如图 2-2-84 所示。

图 2-2-83   图 2-2-84

模块三

NX 工程图

NX 工程图模块包含两个项目。利用模块一 NX 三维建模中的项目一及项目五所创建的传动轴及台虎钳的三维实体模型,来呈现机械工程图的创建流程。

项目一　创建零件工程图——传动轴工程图

学习目标

(1) 熟悉制图环境。
(2) 能够正确创建合理的图纸页,并添加合理的视图。
(3) 熟悉工程图有关标注功能,能够正确标注工程图的尺寸。
(4) 能够根据机械制图中的国家标准,创建简单视图的剖视图。
(5) 初步掌握尺寸样式的设置。

工作任务

本项目是对模块二中项目一所创建的传动轴实体进行二维工程图编辑,如图 3-1-1 所示。

图 3-1-1　传动轴

项目分析:根据实体图样及《机械制图》有关国家标准,创建此传动轴的二维工程图可分四步:①图纸页创建;②添加基本视图;③剖视图创建;④基本尺寸标注。

项目分解:

名称	内容	采用的工具和命令	创建流程	其他工具和命令
1	图纸页创建	制图应用模块	"开始"→"制图"	
2	添加基本视图	基本视图		
3	剖视图创建	剖视图		
4	基本尺寸标注	尺寸		

项目实施

1. 图纸页创建

【**步骤 1**】打开实体零件图。

启动 NX 软件,单击工具按钮 ![按钮],或使用组合快捷键【Ctrl + O】,打开模块二项目一创建完成的"chuandongzhou. prt"实体零件图,如图 3-1-2 所示。

图 3-1-2 "打开"对话框

【**步骤 2**】进入制图环境。

单击"开始"→"制图",或使用组合快捷键【Ctrl + Shift + D】,进入制图模块,如图 3-1-3 所示。

【**步骤 3**】创建新的图纸页。

在菜单栏选择"插入"→"图纸页",或单击工具按钮 ![按钮],弹出"片体"对话框,如图 3-1-4 所示。具体操作如下。

(1)在"大小"面板中选择"标准尺寸",在"大小"下拉列表中选择"A3-297 × 420",在"比例"下拉列表中选择"1:1"。

(2)在"设置"面板中"单位"选项选择"⊙毫米";"投影"选项选择第一象限投影角"◁⊙"。

(3)单击 应用 ,即可完成图纸页的创建,系统打开"基本视图"对话框。

图 3-1-3　进入"制图"模块

图 3-1-4　"片体"对话框 1

相关知识

新建图纸页——功能详解

进入制图模块后，如果没有对操作部件建立过任何工程图纸，则系统会自动弹出"片体"对话框，如图 3-1-5 所示，"片体"对话框中各面板的功能如下。

（1）"大小"面板：提供"使用面板"、"标准尺寸"、"定制尺寸"三种选择。

① **使用模板**：使用该选项进行新建图纸的操作是最简单的，可以直接选择系统所提供模板，应用于当前制图模块中。

② **标准尺寸**：图纸的大小都已经标准化，可以直接选用，而比例、大小、名称等内容需要自行设置。通常选用"标准尺寸"选项，可以根据实体零件尺寸大小选择适合的图纸规格和比例，图纸"大小"可从下拉列表中选择，如图 3-1-6 所示。"比例"也有多种标准规格系列供选择，如图 3-1-7 所示。

③ **定制尺寸**：图纸的大小、名称及单位均可自行设置。

图 3-1-5　"片体"对话框

图 3-1-6　图纸规格　　　　　　　　图 3-1-7　图形比例

（2）"名称"面板："名称"指的是所创建的图纸页名称，系统默认的名称为"SHT1"，如图 3-1-8 所示。图纸页名称可以根据需要修改。每个实体零件可以创建多张图纸页。

（3）"设置"面板：设置面板如图 3-1-9 所示，包含"单位"、"投影"及"自动启动视图创建"三个选项。

图 3-1-8　"名称"面板　　　　　　　图 3-1-9　"设置"面板

①"单位"选项：指定所创建图纸单位为"毫米"或"英寸"，我国标准是"毫米"。

②"投影"选项：指定投影方式是"第一象限角投影"，或"第三象限角投影"，按照我国机械制图国家标准，应选择"第一象限角投影"。

③"自动启动视图创建"选项：对于每一个部件文件，插入第一张图纸页时，会出现该复选框。选择该复选框后，系统会自动启用"基本视图命令"，也可选择"图纸视图命令"。

2. 添加基本视图

在创建好的图纸页内添加基本视图，如图 3-1-10 所示。

图 3-1-10　基本视图

在菜单栏选择"插入"→"图纸"→"基本",或单击工具按钮，均可打开"基本视图"对话框,如图 3-1-11 所示。具体操作如下。

（1）在"模型视图"面板下拉列表中选择"TOP"或其他适合的选项将阶梯轴键槽侧朝前布置主视图。

（2）在"比例"面板下拉列表中选择"1∶1"。

（3）移动鼠标将视图放置到图纸页中适当位置单击,即可将视图添加到图纸中作为主视图,添加视图后效果如图 3-1-10 所示。

图 3-1-11　"基本视图"对话框

相关知识

基本视图——功能详解

　　基本视图是三维模型导入到图纸上的建模视图,是基于三维实体模型添加到工程图纸上的视图,它包括前视图、后视图、左视图、右视图、俯视图、仰视图、正等测视图和正二测视图。在一个工程图中,至少包含一个基本视图。被用来当作参考的视图称为父视图,每添加一个视图(除基本视图)时都需要指定父视图。

　　单击工具按钮🔲,弹出"基本视图"对话框,如图 3-1-11 所示,对话框中各面板的功能如下。

　　(1)"部件"面板。

　　①"已加载的部件":显示所有已加载的部件。

　　②"最近访问的部件":显示最近曾经打开但现在已关闭的部件。

　　③"打开"🖼:选择所需要的部件添加视图。

　　(2)"视图原点"面板。

　　①🔳 Specify Location (指定位置):可移动光标指定视图位置。

　　②放置:提供"自动判断"、"水平"、"竖直"、"垂直"于直线、叠加 5 种视图对齐模式,如图 3-1-12 所示。一般情况下,采用"自动判断"方法,视图添加后再根据需要进行移动。

　　③移动视图:可将视图移动到绘图空间的任意位置。单击工具按钮,用鼠标左键选中需移动的视图后,长按左键拖动视图,放置到预定位置。

　　(3)"模型视图"面板。

　　①"Model View to Use"(要使用的模型视图):可从下拉列表中选择视图视角,如图 3-1-13所示,相应地系统提供了 8 种视图类型,如图 3-1-14 所示。可以根据需要选择一个适当的视角添加为主视图。

图 3-1-12　视图放置方法

图 3-1-13　模型视图视角

②定向视图工具:单击按钮 ,弹出"定向视图工具"对话框(见图3-1-15)及定向视图窗口(见图3-1-16)。

(4)"比例"面板:在向图纸添加视图之前,为基本视图指定一个特定的比例,一般情况下,尽量采用1:1。

(5)"设置"面板:单击按钮 ,弹出"视图样式"对话框,如图3-1-17所示。通过该对话框可以在视图被放置之前进行参数预设置。该样式共有12项设置,单击相应按钮即可显示相关设置内容。

(a) 俯视图　　　　(b) 前视图　　　　(c) 右视图　　　　(d) 后视图

(e) 仰视图　　　　(f) 左视图　　　　(g) 正等测视图　　　　(h) 正二测视图

图 3-1-14　视图类型

3-1-15　"定向视图工具"对话框

图 3-1-16　定向视图窗口

①单击 常规 按钮,弹出"常规"面板对话框,如图3-1-18所示。

②在"常规"设置面板中,有"轮廓线"、"参考"、"UV栅格"、"自动更新"、"自动锚点"、"视图标签"、"比例标签"、"检查边界状态"、"中心线"等选项,可以根据需要进行勾选。

如勾选了"中心线",则添加视图时,实体形状的有关中心线会自动生成。"公差"、"角度"、"比例"的值均可以手动输入,如导出的视图为竖放,需要调整为横放时,则把"角度"值定为"90°"或"-90°"即可。

③当所有设置完成后,单击 继承 → 确定 按钮;如需要重新设置,则单击 重置 按钮。

图 3-1-17　"视图样式"对话框　　　　图 3-1-18　"常规"面板

3. 剖视图创建

以上述所创建的主视图为父视图,创建两个全剖视图(断面图),如图 3-1-19 所示。

图 3-1-19　剖视图

在菜单栏选择"插入"→"视图"→"截面",或单击工具按钮 ⊖ ,弹出"剖视图"对话框 1,如图 3-1-20 所示,具体操作如下。

①选择父视图:单击主视图,弹出"剖视图"对话框 2,如图 3-1-21 所示。

②定义剖切位置:移动光标拾取剖切线经过的点 A,如图 3-1-22 所示。

图 3-1-20　"剖视图"对话框 1　　　　图 3-1-21　"剖视图"对话框 2

图 3-1-22　剖切点 A

③放置剖视图:按图 3-1-23(a)所示的位置单击放置剖视图,然后单击左键,即可完成剖视图的创建,如图 3-1-23(b)。

(a) 放置剖视图

(b) 完成剖视图

图 3-1-23　放置剖视图

也可根据图形布局的需要,选中剖视图后,通过拖动鼠标左键的方法移动剖视图,如图 3-1-24 所示。

图 3-1-24　移动剖视图 A—A

④重复上述步骤①～③,剖切位置为点 B,创建剖视图 B—B, 如图 3-1-25 所示。

图 3-1-25　剖视图 B—B

相关知识

剖视图——功能详解

在创建工程图时,为清楚地表达腔体、箱体类零件的内部特征,往往需要创建剖视图,包括全剖视图、半剖视图、旋转剖视图、局部剖视图等。

1. 全剖视图

通过使用单个剖切平面将该部件分开而创建。创建剖视图的基本操作如下。

(1)在菜单栏选择"插入"→"视图"→"截面",或单击工具按钮 ⊡ 。

(2)选择要剖切的视图(即选择父视图)。

(3)定义剖切位置。

(4)将光标移出视图并移动到所希望的位置。

(5)单击鼠标左键,放置剖视图。

2. 阶梯剖视图

创建一个含有线性阶梯的剖面。创建阶梯剖的基本操作如下。

(1)在菜单栏选择"插入"→"视图"→"截面",或单击工具按钮 ⊡ 。

(2)选择要剖切的视图(即选择父视图)。

(3)定义剖切位置。

(4)右击并选择 ⌐ 添加段 命令。

(5)选择下一个点并单击鼠标左键。

(6)根据需要继续添加折弯和剖切。

(7)单击放置视图 ⊞ 按钮,并将光标移到所需位置。

(8)单击鼠标左键以放置视图。

3. 剖视图对话框中各选择功能

(1)"设置"工具按钮 ⊟:单击该按钮,弹出"截面线首选项"对话框,如图 3-1-26 所示。

在该对话框中,可修改剖切线参数,包括标签字母、剖切箭头尺寸样式、截面线设置。其中,箭头样式有三种,如图 3-1-27 所示;截面线也有六种样式,如图 3-1-28 所示。

(2)"设置"工具按钮 ：单击该按钮,弹出剖视图"视图样式"对话框,如图 3-1-29 所示。此"视图样式"与基本视图样式功能相类似,可以根据需要进行有关参数设置,这里不再赘述。

4. 修改视图样式

当需要修改某一剖视图的样式时,可以拖动光标选中该视图,然后,右击→"样式(Y)",或直接双击该视图边界,在打开的"视图样式"对话框中进行相关设置即可。例:如图 3-1-30 所示,选项卡设置剖视图 A—A 键槽处的背景隐藏线不可见,操作步骤如下。

(1)双击 A—A 视图边界,打开"视图样式"。

(2)分别单击"隐藏线"和"截面线"选项卡,打开相应设置内容。

(3)分别把"隐藏剖面线"和"背景"前的勾选取消即可。如果要把"SECTION A—A"前缀"SECTION"取消,则双击"SECTION A—A"标签,打开"视图标签样式",把前缀"SECTION"删除即可,如图 3-1-31 所示。

图 3-1-26 "截面线首选项"对话框

图 3-1-27 箭头样式

图 3-1-28 截面线样式

图 3-1-29 "视图样式"对话框

图 3-1-30　*A*—*A* 剖视图　　　图 3-1-31　"视图标签样式"对话框

5. 半剖视图

以对称中心线为界,视图的一半被剖切,另一半不被剖切的视图,如图 3-1-32 所示。创建半剖视图的基本步骤如下。

(1)在菜单栏选择"插入"→"视图"→"半剖",或单击工具按钮 🔄。

(2)选择父视图。

(3)定义剖切位置。

(4)定义折弯位置。

(5)单击鼠标左键以放置视图。

6. 旋转剖视图

旋转剖视图是指围绕轴旋转的剖视图,如图 3-1-33 所示。可包含一个旋转剖面,也可包含阶梯意向成多个剖切面。所有的剖面都旋转到一个公共面中。创建旋转剖视图的基本步骤如下:

(1)在菜单栏选择"插入"→"视图"→"旋转剖",或单击工具按钮 🔄。

(2)选择父视图。

(3)定义旋转中心。

(4)指定第一段剖切线通过点。

(5)指定第二段剖切线通过点。

(6)单击鼠标左键以放置视图。

图 3-1-32　半剖视图　　　　　　图 3-1-33　选择剖视图

4. 基本尺寸标注

在已创建好剖视图的工程图上标注基本尺寸,如图 3-1-34 所示。

图 3-1-34　尺寸标注

【步骤 1】标注各级阶梯外圆柱直径。

(1)单击"尺寸"工具条中的工具按钮 [图], 打开"圆柱尺寸"标注面板, 如图 3-1-35 所示。

(2)分别拾取主视图中各级圆柱两外轮廓线, 如图 3-1-36 所示, 同时拖动基本尺寸放置到合适位置, 最终效果图如图 3-1-37 所示。

【步骤 2】标注两键槽水平方向长度尺寸。

(1)单击"尺寸"工具条中的工具按钮 [图], 打开"水平链尺寸"标注面板, 如图 3-1-38 所示。

图 3-1-35　"圆柱尺寸"标注面板　　　　图 3-1-36　圆柱尺寸标注

图 3-1-37　各级圆柱尺寸标注

(2)依次连续拾取圆柱端面线和键槽两圆中心线, 并拖动尺寸放置到合适位置。两键槽需要分别标注,需标注的长度尺寸分别为:14、22、9、42,完成的键槽标注如图 3-1-39 所示。

图 3-1-38　"水平链尺寸"标注面板

图 3-1-39　键槽水平方向尺寸标注

【步骤3】标注左边各级圆柱水平方向长度尺寸。

(1)单击"尺寸"工具条中的工具按钮凸,打开"水平链尺寸"标注面板。

(2)从左侧依次连续拾取圆柱端面线,并拖动尺寸放置到合适位置即可。需标注的长度尺寸分别为:25、30、15、50、30、25,完成的标注如图 3-1-40 所示。

图 3-1-40　各级圆柱水平方向尺寸标注

【步骤4】标注轴总长及 $\phi 30$ 圆柱水平方向长度尺寸。

(1)单击"尺寸"工具条中的工具按钮⊢ˣ⊣,打开"水平尺寸"标注面板。如图 3-1-41 所示。

图 3-1-41　"水平尺寸"标注面板

(2)依次拾取圆柱端面线,并拖动尺寸放置于合适位置即可。轴总长尺寸为 295,$\phi 30$ 圆柱长度尺寸为 60,需要分别标注,完成的标注如图 3-1-42 所示。

【步骤5】标注两个剖视图上键槽的尺寸。

标注 A—A 剖视图的键槽深度"53",以及 B—B 剖视图的键槽深度"26",如图 3-1-43 所示,具体操作如下。

(1)单击"尺寸"工具条中的工具按钮⊢ˣ⊣,打开"水平尺寸"标注面板。

(2)拾取 A—A 剖视图上键槽深度的起止点,标出键槽的深度尺寸"53"。

图 3-1-42　轴总长度尺寸标注

（3）拾取 *B—B* 剖视图上键槽深度的起止点，标出
键槽的深度尺寸"26"。

标注 *A—A* 剖视图的键槽宽度"18"，以及 *B—B* 剖
视图的键槽宽度"8"，如图 3-1-43 所示，具体操作如下。

（1）单击"尺寸"工具条中的工具按钮，打开"竖
直尺寸"标注面板。

（2）拾取 *A—A* 剖视图上键槽宽度的起止点，标出
键槽的宽度尺寸"18"。

图 3-1-43　剖视图键槽尺寸

（3）拾取 *B—B* 剖视图上键槽宽度的起止点，标出键槽的宽度尺寸"8"。

【步骤6】创建注释文字"全部倒角 *C2*"。

（1）单击"注释"工具条中的工具按钮，打开"注释"对话框，如图 3-1-44 所示。

（2）分别单击"文本输入"面板中的 编辑文本 按钮，以及 格式化 按钮，此时"编辑文
本"及"格式化"面板全部展开，如图 3-1-45 所示。

（3）在文本输入区中输入文字"全部倒角 *C2*"。

（4）全选文字，并在格式化面板的下拉列表中选择字体类型"chinesef"。

（5）拖动文字放置于 *A—A* 剖视图左侧。最终完成传动轴工程图的标注，如图 3-1-46 所示。

图 3-1-44　"注释"对话框　　　图 3-1-45　文字输入面板

图 3-1-46　传动轴标注效果图

相关知识

尺寸标注——功能详解

当基本视图添加完成后,进入尺寸标注有两种方法。

(1)在菜单栏选择"插入"→"尺寸",在尺寸联级菜单中单击相应的按钮进行标注,如图 3-1-47 所示。

(2)单击"尺寸"工具条中的相应的工具按钮进行标注,如图 3-1-48 所示。

图 3-1-47　"尺寸"联级菜单

图 3-1-48　"尺寸"工具条

当单击某一个标注工具按钮时,就会弹出一个相应的标注面板,如:单击"自动判断尺寸"工具按钮,弹出"自动判断尺寸"标注对话框,如图 3-1-49 所示。在该对话框中,有"值"、"文本"、"设置"、"驱动"等面板,各面板功能详解如下。

图 3-1-49 "自动判断尺寸"对话框

(1)"值":其中有两个值需要选择,一个是公差标注方式选择,另一个是基准值精确度选择。如图 3-1-50(a)、(b)所示。

(2)"文本":即文本编辑器,单击该按钮后,弹出"文本编辑器"对话框,如图 3-1-51 所示。可以在基准尺寸值上增加附加文本或插入制图符号、形位公差符号、用户定义符号、样式、关系等。

图 3-1-50 "值"设置

图 3-1-51 "文本编辑器"对话框

(3)"设置":即尺寸样式设置,单击该按钮后,弹出图 3-1-52 所示的"尺寸样式"对话框。在该对话框中可以进行径向、坐标、层叠、尺寸、直线/箭头、文字、单位等设置。当需要对各项进行重新设置时,单击面板上的重置按钮即可。

图 3-1-52　"尺寸样式"对话框

拓展练习

1. 打开模块二项目五的模型,创建该模型的工程图。
2. 打开模块二项目七的模型,创建该模型的工程图。

项目二　创建零件工程图——台虎钳钳座工程图

学习目标

(1)掌握三视图的创建方法。
(2)掌握局部视图和轴测图的创建。
(3)熟悉形位公差的有关标注及基本符号的导入。
(4)学会图框的导入方法。
(5)掌握工程图转为".DXF"文档的导出方法。

工作任务

本项目是根据模块一项目五提供的台虎钳钳座三维实体进行二维工程图创建,完成的钳座的二维工程图,如图 3-2-1 所示。

图 3-2-1   "台虎钳钳座"二维工程图

项目分析:根据实体图样及《机械制图》有关国家标准,创建此台虎钳钳座的二维工程图可分四步:①创建基本视图;②创建剖视图及局部放大图;③创建轴测图;④确定尺寸及公差标注。

项目分解:

名称	内容	采用的工具和命令	创建流程	其他工具和命令
1	创建基本视图	基本视图,投影视图		

名称	内容	采用的工具和命令	创建流程	其他工具和命令
2	创建剖视图及局部放大图	剖视图,局部放大图		
3	创建轴测图	基本视图,视图编辑		
4	基本尺寸及公差标注	尺寸,注释		

项目实施

1. 创建基本视图

创建基本视图,如 3-2-2 图所示。

图 3-2-2　基本视图

【步骤1】打开实体零件图。

启动 NX 软件,单击工具按钮 ,打开模块二项目六创建完成的"qianzuo"实体零件图。

【步骤2】进入制图环境。

单击"开始"→"制图",进入制图模块。

【步骤3】创建新的图纸页。

单击工具按钮 ,创建新的图纸页。图纸大小:"A3",比例:"1:1",单位:"毫米",投影:"第一象限角"。

【步骤4】创建俯视图。

在菜单栏选择"插入"→"图纸"→"基本",或单击工具按钮 ,弹出"基本视图"对话框,如图 3-2-3 所示。具体操作如下:

(1)单击"定向视图"工具按钮 ,弹出"定向视图工具"对话框(见图 3-2-4),以及"定向视图"窗口 1(见图 3-2-5)。

(2)单击"定向视图"窗口中的坐标原点,在弹出的 Angle 文本中输入"−90",如图 3-2-6 所示。

图 3-2-3　"基本视图"对话框

图 3-2-4　"定向视图工具"对话框

图 3-2-5　"定向视图"窗口 1

（3）按回车键，此时的视图如图 3-2-7 所示。

图 3-2-6　选择原点及角度

图 3-2-7　"定向视图"窗口 2

（4）单击"定向视图工具"对话框中"确定"按钮，系统返回"基本视图"对话框。

（5）单击"设置"面板视图样式按钮 ，弹出"视图样式"对话框，如图 3-2-8 所示。

（6）单击 隐藏线 按钮，进入"隐藏线"面板，将隐藏线线型设置为虚线，如图 3-2-9 所示，然后单击"确定"按钮，返回基本视图对话框。

（7）将光标移动至图纸页中希望的位置，然后单击鼠标左键放置视图，单击 关闭 ，即可完成俯视图的创建，如图 3-2-10 所示。

图 3-2-8　"视图样式"对话框

图 3-2-9　"隐藏线"面板

图 3-2-10　创建俯视图

【步骤 5】创建剖视图。

在菜单栏选择"插入"→"视图"→"截面",或单击工具按钮 ⬚ ;以步骤 4 所创建的视图作为父视图,创建剖视图 *A—A*,如图 3-2-11 所示。

图 3-2-11　创建剖视图

【步骤 6】创建左视图。

在菜单栏选择"插入"→"图纸"→"基本",或单击工具按钮 ⬚ ,弹出"基本视图"对话框,具体操作如下。

（1）在 Model View to Use 下拉列表中选择"FRONT"视图。

（2）将视图放置在 *A—A* 剖视图右侧,如图 3-2-12 所示。

图 3-2-12　创建左视图

相关知识

投影视图——功能详解

在 NX 制图模块中,投影视图是从一个已经存在的父视图沿着一条铰链线投影得到的,投影视图与父视图存在着关联性。创建投影视图需要指定父视图、铰链线及投影方向。

单击工具按钮 ,弹出"投影视图"对话框,如图 3-2-13 所示,对话框中各选项的功能介绍如下。

(1)"父视图":选择创建投影视图的父视图。

(2)"铰链线":与投影方向垂直,及创建的视图沿着与铰链线垂直的方向投影。勾选 反转投影方向 复选框,则投影视图与投影方向相反。

(3)"视图原点":确定投影视图的放置位置。

(4)"移动视图":该选项区域的作用是移动图纸中的视图。在图纸中选择一个视图后,即可拖动此视图至任意位置。

图 3-2-13　"投影视图"对话框

2. 创建局部剖视图及局部放大视图

在图 3-2-12 的基础上,创建局部放大视图及局部剖视图,如图 3-2-14 所示。

图 3-2-14　局部剖及局部放大视图

【步骤 1】创建局部放大图。

在菜单栏选择"插入"→"视图"→"局部放大图",或单击工具按钮，弹出"局部放大图"对话框,如图 3-2-15 所示。

(1)用鼠标选取"SECTION A—A"剖视图中需要放大 的部位,如图 3-2-16 所示。

(2)将光标拖动至希望的位置,然后单击鼠标左键以放置视图。

图 3-2-15　"局部放大图"对话框　　　　图 3-2-16　放大部位

【步骤2】创建局部剖视图1。

1. 绘剖切边界曲线

（1）将光标放置在左视图内的空白区域，右击，弹出快捷菜单，选择扩展，如图3-2-17所示。此时，左视图已进入扩展状态。

（2）单击 按钮，用艺术样条绘制图3-2-18所示的曲线，作为剖切边界。（注意：样条的区域只要超过剖切的位置即可。）

（3）完成剖切边界曲线的绘制后，右击，弹出快捷菜单，选择"扩展"，即可退出扩展状态。

图3-2-17　扩展

图3-2-18　剖切边界线

2. 创建局部剖视图

在菜单栏选择"插入"→"视图"→"局部剖"，或单击工具按钮 ，弹出"局部剖"对话框1，如图3-2-19所示。具体操作如下。

（1）选择左视图为父视图，弹出"局部剖"对话框2，如图3-2-20所示。

图3-2-19　"局部剖"对话框1

图3-2-20　"局部剖"对话框2

（2）定义基点：捕捉主视图耳座沉头孔圆心为基点，如图3-2-21所示。

（3）选择截断线（即剖切边界曲线）：单击"局部剖"对话框2按钮 ，选择剖切边界曲线，

单击 ⊡ → 取消 ,即可完成局部剖的创建,如图 3-2-22 所示。

图 3-2-21　基点位置　　　　　　　　　　图 3-2-22　局部剖视图

【步骤 3】创建局部剖视图 2。

创建如图 3-2-23 所示的局部剖视图 2,创建步骤同步骤 2,在此不再详述,只做简单描述。

(1)按图 3-2-24 所示绘剖切边界线。

(2)选择俯视图作为父视图。

(3)捕捉孔的底部锥角顶点为基点,如图 3-2-25 所示。

图 3-2-23　局部剖视图 2　　　　　　　　图 3-2-24　剖切边界

图 3-2-25　基点位置

相关知识

局部放大视图——功能详解

局部放大视图主要用于表达零件上的细小结构。单击工具按钮🔍🔯，弹出"局部放大图"对话框，如图3-2-15所示，对话框中各选项的功能介绍如下。

（1）"类型"：用于指定预放大的区域形状。下拉列表有"圆形、按拐角绘制矩形、按中心和拐角绘制矩形"三种类型供选择。

（2）"比例"：用于指定局部放大图与原图的放大比例。下拉列表中有多种现成比例供选择。也可以自定义比例值，在"比率"中输入所需放大的比例值即可。

（3）"父项上的标签"：指的是父视图上放大部位的标签形式。下拉列表中共有六种形式供选择，可以根据习惯或要求进行选择，如图3-2-26所示。

（4）若需要改变标签样式，则双击父视图或放大图中的标签符号，即弹出图3-2-27所示的"视图标签样式"对话框。可以根据需要修改有关参数项。

图3-2-26　"父项上的标签"对话框　　　图3-2-27　"视图标签样式"对话框

局部剖视图——功能详解

局部剖视图是通过移除父视图中的一部分区域来创建视图。单击工具按钮🔯，弹出"局部剖"对话框1，如图3-2-19所示，具体操作如下。

（1）选择"父视图"🔯：可在对话框列表中选中一个基本视图作为父视图，或者直接在图纸中选择父视图。

(2)"指出基点" :单击该图标,定义剖切位置。

(3)"指出拉伸矢量" :单击该图标,系统提供和显示一个默认的拉伸矢量,该矢量与当前视图的 *XY* 平面垂直。

(4)"选择曲线" :定义局部剖的边界线。可以创建封闭的曲线,也可以先创建几条曲线通过系统自动连接它们。

(5)"修改曲线边界":单击该图标,可以用来修改曲线边界,该步骤为可选步骤。

3. 添加轴测图及视图编辑

本任务主要是添加轴测图及进行视图的编辑,如图 3-2-28 所示。

图 3-2-28　轴测图及视图编辑

【步骤1】添加轴测图。

在菜单栏选择"插入"→"图纸"→"基本",或在图纸工具条中单击工具按钮 ,打开"基本视图"对话框,具体操作如下。

(1)在"模型视图"面板下拉列表中选择"TFR-ISO"视图。

(2)在比例面板下拉列表选择"1:2"。

(3)将光标拖动至理想的位置,然后单击鼠标左键以放置视图,如图 3-2-29 所示。

【步骤2】添加俯视图螺纹孔中心线——2D 中心线。

在菜单栏选择"插入"→"中心线"→"2D 中心线",弹出"2D中心线"对话框,如图 3-2-30 所示。具体操作如下。

(1)选择第一个螺纹孔的两条外径作为第 1 侧和第 2 侧的对象,如图 3-2-31 所示。

图 3-2-29　轴测图

(2)单击 应用 → 取消 ,即可完成第一个螺纹孔中心线的创建,如图 3-2-32 所示。

(3)重复步骤(1)、(2),创建第二个螺纹孔的中心线,如图 3-2-33 所示。

图 3-2-30　"2D 中心线"对话框

图 3-2-31　选择对象

图 3-2-32　螺纹孔 1 中心线

图 3-2-33　螺纹孔 2 中心线

【步骤 3】添加左视图沉头孔中心线。

在菜单栏选择"插入"→"中心线"→"中心标记",弹出"中心标记"对话框,如图 3-2-34 所示。具体操作如下。

(1)在类型下拉列表选择 ⊙ 中心点 。

(2)捕捉左边沉头孔圆心,如图 3-2-35 所示。

(3)单击 应用 → 取消 ,即可完成左边沉头孔中心线的创建,如图 3-2-36 所示。

(4)重复步骤(1)~(3),创建右边沉头孔中心线,如图 3-2-37 所示。

【步骤 4】删除俯视图中多余虚线——视图相关编辑。

在菜单栏选择"编辑"→"视图"→"视图相关编辑",弹出"视图相关编辑"对话框,如图 3-2-38 所示。具体操作如下。

(1)选择俯视图作为父视图。

(2)单击"添加编辑"面板按钮 ⊞ ,弹出"类选择"对话框,如图 3-2-39 所示选择要擦除的对象:父视图中孔虚线、槽虚线及实线、局部剖的剖切线。

图 3-2-34 "中心标记"对话框

图 3-2-35 捕捉圆心

图 3-2-36 左边沉头孔中心线

图 3-2-37 右边沉头孔中心线

（3）单击"确定"按钮，即可删除多余虚线，完成编辑的俯视图如图 3-2-40 所示。

图 3-2-38 "视图相关编辑"对话框

图 3-2-39 "类选择"对话框

(a) 编辑前　　　　　　　　　　　　　　(b) 编辑后

图 3-2-40　视图相关编辑后的俯视图

相关知识

视图编辑——功能详解

（1）显示视图边界：在菜单栏选择"首选项"→"制图"，弹出"制图首选项"对话框，如图 3-2-41 所示。该对话框中有"常规"、"预览"、"制图"、"注释"等四个选项，单击"制图"选项，打开图 3-2-42 所示的对话框，然后勾选"显示边界"。

（2）移动视图：当需要移动视图时，只要拖动光标选中视图边界，然后长按鼠标左键拖动视图即可。

（3）删除视图：如果需要删除某一视图时，只要拖动光标选中该视图边界，然后利用［Del］删除键或单击鼠标右键直接删除即可。

（4）打开视图样式对话框：如果需要修改某一视图的样式时，只要拖动光标选中视图边界，然后双击该边界或单击鼠标右键打开视图样式对话框。请见项目一中有关功能详解。

图 3-2-41　"制图首选项"对话框 1

图 3-2-42　"制图首选项"对话框 2

视图相关编辑

视图相关编辑属于细节操作,主要是对视图中的几何对象进行编辑和修改。在菜单栏选择"编辑"→"视图"→"视图相关编辑",弹出"视图相关编辑"对话框,如图 3-2-43 所示,各面板的选项功能如下。

(1)"添加编辑":对对象进行编辑操作。

"擦除对象" :利用该选项可以擦除视图中选取的对象。擦除与删除的意义不同,擦除对象只是暂时不显示对象,以后还可以恢复,并不会对其他视图的相关结构和主模型产生影响。

"编辑完全对象" :利用该选项可以编辑所选整个对象的显示方式,包括颜色、线型和线宽。

"编辑着色对象" :利用该选项可以控制成员视图中的对象局部着色和透明度。

"编辑对象段" :利用该选项可以编辑部分对象的显示方式,其方法与编辑完全对。

图 3-2-43 "制图相关编辑"对话框

"编辑剖视图背景" :在创建剖视图时,可以有选择地保留背景线,而用背景线编辑功能,不仅可以删除已有的背景线,还可以添加新的背景线。

(2)删除编辑:用于删除对视图对象所作编辑操作。

"删除选择的擦除" :使先前擦除的对象重新显现出来。

"删除选择的修改" :使先前修改的对象退回到原来的状态。

"删除所有修改" :删除以前所作所有的编辑,使对象恢复到原始状态。

(3)转换相依性:略。

4. 基本尺寸及公差标注

本任务主要是对视图进行尺寸标注,包括水平标注、竖直标注、圆柱标注以及注释等,在项目一中已经详述,此处涉及的不再赘述。这里主要讲述角度标注、平行标注、圆直径与半径标注、尺寸公差及形位公差标注等。

【步骤 1】注释参数预设值。

在菜单栏选择"首选项"→"注释",弹出"注释首选项"对话框,单击 文字 按钮,将"字符大小"改为"7"(见图 3-2-44),单击"确定"按钮。

如图 3-2-44 "注释首选项"对话框

【步骤 2】标注水平尺寸及竖直尺寸。

按图 3-2-45 所示进行水平尺寸及竖直尺寸的标注。

图 3-2-45　水平尺寸及竖直尺寸标注

【步骤 3】角度标注。

局部放大图中有一个 45° 的角度标注。操作如下：在菜单栏选择"插入"→"尺寸"→"角度..."，或在尺寸工具条中单击工具按钮 △，然后分别点取需要标注角度的两边界，把尺寸值放于合适位置，如图 3-2-46 所示。

【步骤 4】平行标注。

局部放大图中有两个平行标注。操作如下：在菜单栏选择"插入"→"尺寸"→"平行..."，或在尺寸工具条中单击工具按钮 ，然后分别点取需要平行标注的两边界，把尺寸值放于合适位置，如图 3-2-46 所示。

【步骤 5】半径标注。

标注俯视图中耳座圆弧半径 R13。在菜单栏选择"插入"→"尺寸"→"半径..."，或单击工具按钮 ，弹出"半径尺寸"对话框，如图 3-2-47 所示，操作如下。

图 3-2-46　角度、平行标注

图 3-2-47　"半径尺寸"对话框

（1）单击"设置"面板按钮，弹出"注释首选项"对话框，单击尺寸按钮，在尺寸放置下拉列表中选择，如图 3-2-48 所示，单击"确定"按钮。

图 3-2-48　"注释首选项"对话框

图 3-2-49　"文本编辑器"对话框

（2）单击"文本"面板按钮，弹出"文本编辑器"对话框，如图 3-2-49 所示，单击按钮，在字符大小下拉列表中选择"3"，在文本框中输入"2X"。单击 确定 ；

（3）点取俯视图中耳座圆弧，把尺寸值放于合适位置。如图 3-2-50 所示。

图 3-2-50　半径标注

【步骤 6】沉头孔尺寸标注。

（1）耳座沉头孔尺寸标注操作如下。

①单击工具按钮，弹出"注释"对话框，如图 3-2-51 所示。

②勾选"指引线"面板创建折线复选框。

③在文本框中输入"$\frac{2X<O>11}{<\#B><O>25}$"，（注意：<O>为直径代号，不用键盘输入，直接在符号面板单击 ø 按钮即可。<#B>为沉头代号，在符号面板单击 ø ⊔ 即可）。

④在"设置"面板"文本对齐"下拉列表中选择，如图 3-2-52 所示。

⑤捕捉耳座沉头孔圆心，如图 3-2-53 所示。

⑥单击"原点"面板按钮 ▮×▮，将标注拖动到适合位置，单击鼠标左键，即可完成沉头孔的尺寸标注，如图 3-2-54 所示。

图 3-2-51 "注释"对话框

图 3-2-52 选择文本对齐类型

图 3-2-53 捕捉圆心

如图 3-2-54 耳座沉头孔尺寸标注

（2）用相同的方法，完成视图中其他沉头孔的标注，如图 3-2-55 所示。

图 3-2-55　沉头孔尺寸标注

【步骤 7】形位公差标注。

以 ◎ ∅ 0.0015 B 为例进行讲述。单击工具按钮 ，弹出"特征控制框"对话框，如图 3-2-56 所示，具体操作如下。

（1）勾选"指引线"面板"创建折线"复选框。

（2）特征下拉列表中选择 ◎ 同轴度，"公差"第 1 下拉列表中选择 ∅ ，"公差"面板中输入"0.015"，"主参考"第 1 下拉列表选择 B ；

（3）指定原点：捕捉 A—A 剖"Φ12H8"尺寸线上部箭头端点。

（4）指定折线位置：在原点垂直方向上合适的位置单击左键。

（5）单击"原点"面板按钮 ，将标注拖动到适合位置，单击鼠标左键，即可完成形位公差的标注，如图 3-2-57 所示。

（6）用相同的方法完成其他形位公差的标注，如图 3-2-57 所示。

图 3-2-56　"特征控制框"对话框

图 3-2-57　形位公差标注

【步骤 8】粗糙度标注。

以 $\sqrt{^{Ra6.3}}$ 为例进行讲述。单击工具按钮 $\sqrt{}$，弹出"表面粗糙度"对话框,具体操作如下。

(1)勾选"指引线"面板创建折线复选框;在"箭头"下拉列表中选择" – 无",如图 3-2-58 所示。

(2)在"材料移除"下拉列表中选择 —— 无 在"下部文本(a2)"中输入"6.3"。如图 3-2-58 所示。

(3)捕捉台阶端点,然后单击"原点"面板按钮 $\sqrt{}$ 需要移除材料 ,将标注拖动到适合位置,单击鼠标左键,即可完成粗糙度的标注,如图 3-2-59 所示。

图 3-2-58　"表面粗糙度"对话框

图 3-2-59　粗糙度标注 1

(4)用相同的方法完成其他粗糙度及形位公差的标注,如图 3-2-60 所示。注意,需要旋转角度时,单击"表面粗糙度"对话框,在"设置"面板的角度文本中输入角度值,顺时针旋转为负,逆时针旋转为正。

图 3-2-60　粗糙度标注 2

【步骤 9】基准标注。

（1）单击工具按钮 ，分别画两条直线，如图 3-2-61 所示。

图 3-2-61　画直线

（2）单击工具按钮，弹出"基准特征符号"对话框，如图 3-2-62 所示。

（3）在"基准标识符"面板中输入字母"A"，如图 3-2-62 所示。

（4）单击"指引线"面板按钮，捕捉绘图区中所绘直线，将光标移动至直线下方，如图 3-2-63 所示，然后单击鼠标左键。单击　关闭　，即可完成基准 A 的添加。

（5）重复（1）～（4），完成基准 B 的添加，如图 3-2-64 所示

【步骤 10】文字注释。

单击工具按钮，弹出"注释"对话框，如图 3-2-65 所示，具体操作如下。

（1）在文本框中输入"技术要求:1、未注明圆角 R3 ～ R5"字样，如图 3-2-65 所示。

（2）单击"设置"面板样式按钮，弹出"样式"对话框，输入字符大小值:"8"，如图 3-2-66 所示，单击"确定"按钮。

（3）将光标拖动至希望的位置，然后单击鼠标左键以放置文字注释，如图 3-2-67 所示。

图 3-2-62　"基准特征符号"对话框

图 3-2-63　基准添加过程

图 3-2-64　基准标注

图 3-2- 65　"注释"对话框

图 3-2- 66　"样式"对话框

技术要求
未注明圆角R3。

图 3-2- 67　文字注释

完成标注后的台虎钳钳座二维工程图效果,如图 3-2-68 所示。

图 3-2-68　台虎钳钳座二维工程图效果

知识拓展

UG NX 所编辑的工程图可以直接导出成“.DXF”或“.DWG”文档文件,然后用 Auto CAD 二维设计软件打开并编辑。具体操作如下,在菜单栏选择“文件”→“导出”→“DXF/DWG...”,打开“导出至 DXF/DWG 选项”对话框,如图 3-2-68 所示。

(1)“文件”选项中,需要选择文件类型和输入文件名称及保存路径,如图 3-2-69(a)所示。

(2)“要导出的数据”选项中,有模型数据、图纸、图层的设置,可以根据需要进行设置,如图 3-2-69(b)所示。

(3)“高级”选项中,有选项、参数的设置,如图 3-2-69(c)所示。

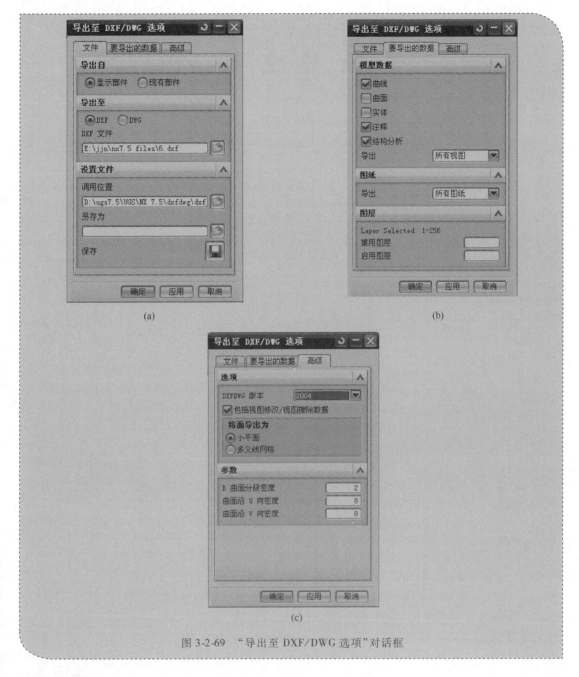

图 3-2-69 "导出至 DXF/DWG 选项"对话框

拓展练习

1. 打开模块二项目一的模型,创建该模型的工程图。
2. 打开模块二项目二的模型,创建该模型的工程图。

参 考 文 献

[1]詹友刚.UG NX 8.5 机械设计教程[M].北京:机械工业出版社,2018.

[2]王灵珠,许启高.UG NX 12.0 建模与工程图实用教程:基于任务驱动式教学法[M].北京:机械工业出版社,2018.

[3]徐海枝.UG NX 9.0 案例与实训教程[M].上海:上海交通大学出版社,2015.

[4]魏峥.UG NX 机械设计案例教程[M].北京:人民邮电出版社,2014.

[5]李开林.UG NX 5 工业设计精解与实例[M].北京:电子工业出版社,2009.

[6]姜勇武.UG 典型案例造型设计[M].北京:电子工业出版社,2009.

[7]龙飞.UG NX 4.0 入门与提高[M].上海:上海科学普及出版社,2007.